# 职场三年之痒

程亮◎著

作家出版社

# 前言

我们经常会将职场形容似一盘迷幻的棋局。每一位职场人就是一个“执棋人”，你要一步一步地落子，来布局你职场“棋盘”。最终的结果，你在这场“棋局”中胜出或是失利。之所以你有胜负，关键就是看你如何下好这盘棋，也就是说你如何走好每一步棋，落好每一个棋子。这不是一件容易的事，你要三思而后行，你要有所选择，你要做出所谓“对的”或是“错的”决定。

职场如棋局，棋局映职场。我们把话题扯回职场。

人在职场，你需要面对很多选择，面对很多分岔口：求职？跳槽？留守？转型？创业？你的每一次选择都是一次理性和感性交织起来的判断，有时更像是一种赌博。这些会在你不同的职场年龄段表现出来。

我们知道，初入职场两三年的职场新人会遭遇职场“三年之痒”。你也曾经是“新人”过，也可能曾经遭遇过职场“三年之痒”。值得高兴的是，你坚定而又从容地走过了那段日子。紧接着，你步入了职场三十。你以为从职场“三年之痒”走出来就万事大吉了吗？不是的！在职场三十这个年龄段，你将面临更大的“痒症”，你将走入一个更大的困局，你将面对更多的选择……

这里，我们有必要厘清一下职场三十的概念。职场三十，并不仅仅就指30岁，它是一个年龄段。这个年龄段从30岁到40岁，因为在这一年龄段的职场人有很多普遍的共性，会面临很多相似的问题。

那么，职场三十的你，会遇到什么样的“痒症”，走入怎样的困局，面对哪些选择呢？

我们先来看看职场三十的你，工作和生活状态是怎样的。

职场三十的你，到了这样的年龄，从工作职业上来说，你在职场或许已经小有成就或大有成就，在自己的公司处于管理者的位子；但也许，你还是一个职场“平民”。从生活上来说，你或许已经结婚生了孩子，上有老下有小；或许你正在感受甜蜜的爱情，即将走入婚姻；也或许你已沦为“剩男”、“剩女”，正在苦苦寻觅自己的那一半。

总之，无论你是什么身份，现在的处境如何？你都有可能陷入“年龄恐慌”的困局：也许你会对自己的成就深感恐慌；也许你会对个人的婚育状况深感恐慌；也许你会对自己的职业方向深感恐慌；也许你会对职场竞争深感恐慌；也许你会遭遇职场“35岁现象”。这些现象的发生，意味着你正在经历一个职场的“瓶颈期”，同时，这也是你人生的一个“瓶颈期”。那么，你应该如何打破这一“瓶颈”，在向左固守还是向右发展的抉择中延续或是重塑你辉煌的职场生涯呢？职场三十的你，在职场有哪些优势或是劣势呢？你应该如何发挥自己的优势，补足自己的“短板”呢？在本书的第一部分的内容中，你会得到自己想要的答案！

在本书第一部分的内容中，我们分析和了解了职场三十的你，会遭遇什么样的职业困局。面对这样的困局，你应该怎样去脱困和突围？这里面有很多的问题需要你去思考和解决。一般来说，你会碰到这样的10个问题：怎样让老板为自己“加薪水”？怎样让“晋升”的机会落在自己的头上？工作压力大怎么办？怎样做一个受下属欢迎的上司？怎样与同事处好关系？怎样和自己的上司相处？跳槽还是卧槽？要生活还是要工作？要不要走自主创业之路？要不要进行职业生涯规划？

对于以上10个问题，你需要认真加以思考和解决，并不断从中汲取和总结职业经验。如此，你的职业生涯之路才能越走越好！在本书的第二部分内容中，我们将对这10个问题作详细的分析和了解。

对于正在为职场向左走还是向右走抉择不已的你来说，相信本书一定能帮助你找到职场发展的前进方向，走向更辉煌的职场人生旅途！

# 目录

# 6

# 职场三十向左走 还是向右走?

职场三十，这里并不单单仅指30岁，而是一个年龄段，我们将这个年龄段厘定为30～40岁。

职场三十，是职场的一个关键期，同时也是一个人人生的关键期。职场三十也可被我们称之为“而立之年”，即在这个年龄要成家立业，生儿育女，反哺父母。是的！三十而立，从古至今，这向来都是人生的一大命题。

正是因为“三十”要“而立”，要如何“而立”。所以，对职场人来说，“三十”阶段同时也是一个困惑期、迷茫期和破局期。在这一阶段——你或许经过前几年的职场奋斗小有成就或是大有成就，也可能依然平庸无奇——如果你以追求安逸舒适或淡然无争的生活为人生目标，那只须固守现有的状态便可以了；但是如果你想体验不同的人生精彩，实现另一种人生的飞跃，可能你的一切又要从头开始！

那么在职场三十这个人生关口上，你的职业以及人生发展是该向左固守还是该向右发展呢？答案是肯定的，那就是向右发展！

# 职场三十遭遇困局

我们知道，刚进入职场的年轻人，会遭遇职场“三年之痒”，你也可能曾经遭遇过。走出职场“三年之痒”，你以为从此就职场无忧了吗？不是的。迈入了职场三十，你的困局又来了。

# 职场"年龄恐慌"来袭！

所谓"年龄恐慌"，通常是指年龄在30～40岁的职场人，对于自己职场表现的一种焦虑。这种焦虑的主要表现形式是对于年龄的慌张和不安，总是有一种"时不待我"的紧促感——感觉时间不够用，表盘转得是如此的快！这种紧促感常常是压得人"喘不过气来"！

"年龄恐慌"在职场是一种非常普遍的现象，据一项统计数据显示：

有86.5%的人存在着不同程度的年龄恐慌。

## "年龄恐慌"都恐慌什么？

职场"年龄恐慌"是一种综合因素的恐慌症状。从深层次的原因分析来看，职场"年龄恐慌"主要可细分为以下四大方面：

### 1. 对于自我成就的恐慌

**案例链接：**

"走上漂泊的路，找不到回家的门；走完天下路，不知何时是归程。"

做了8年销售工作的林奇近来常常焦躁不安，心绪不宁——俗话说："三十而立"。林奇今天都31了，早就应该成家立业了，可如今他既未成家也未立业。论家庭，最近和女友发生感情危机，年初制定的完婚计划可能搁浅；

论事业，这些年一直是“漂啊漂”，境况不好也不坏，距离职业经理人的标准还有距离……

对于自我成就的恐慌是造成职场“年龄恐慌”的最重要的原因。

在职场中，三十而立不乏其人，但三十不而立的人更是比比皆是。在竞争日益激烈的当今社会，不少三十岁以上的人会因为自己的事业前程而感到恐慌。他们会产生消极心理，认为自己看不到未来，看不到希望。

---

女性多为自己的容颜渐老而焦虑；男人则为年岁渐长事业却没有多大进展而愁闷，尤其看到人才招聘要求都注明“35岁以下”时，不少人深为自己的前景担忧。他们通常对自己要求很高，深怕自己碌碌无为，没有成就。

有调查表明，多数中年人都曾为自己的成就恐慌过，其中7％的中年人为此担心造成心理疾患。

---

2. 对于个人婚育的恐慌

**案例链接:**

33岁的王小姐在一个大型快速消费品（FMCG）企业担任渠道经理，渠道管理是FMCG企业的关键部门所在，职业机会很好。结婚4来，王小姐一直挣扎在要职业还是要孩子的艰难抉择中。

终于，王小姐和丈夫找到了最绝妙的解决方案：王小姐职业发展不错，渠道经理工作得心应手，但她仍然前瞻性地看到自己未来的职业发展路程——大本文凭压不住激烈的职场竞争，MBA是一定要读的。于是王小姐决定辞职读书，而且还可以在这两年里完成生孩子大业。

不过，MBA第一学期结束，王小姐没有如愿怀孕。王小姐清楚再不怀孕，等到毕业的时候职业链肯定会接得不顺畅，这是她绝不想面对的状况。这段时间，王小姐对于怀孕的焦虑，怀孕测试的希望、失望快让夫妻二人疯了，睡不好，吃不下，绝望的感觉挥之不去，丈夫每天都告诉她这没什么，她其实很清楚丈夫绝对不会比她轻松。直到有一天，王小姐宣布说自己不再测试了，夫妻互相说服对方：此生不要孩子也不是不可以，不是那么多人都选择不要孩子了吗？可压在心里的却是越来越膨胀的期待。王小姐突然发现自己对“生”（孩子）的期待已经取代了“升”（职）的初衷。

对于婚育的恐慌是造成“年龄恐慌”的非常重要的一个原因。

身处职场，为了生计、为了事业而奔忙，人们往往就会忽视了家庭，忽视了婚姻，忽视了生育。很多人会一直挣扎在要事业还是要婚姻，要事业还是要孩子的艰难选择中。往往是等到功成名就之时，却已经“人老珠黄”，尤其是女性，可能错过了生育最佳期。这时，对于怀孕的焦虑，“生（孩子）”的期待已经取代了“升（职）”的初衷。这种现象在国内的一线大城市更为明显，如北京、上海、深圳等地。

另外，现在城市人生活压力大，标准要求高，希望家庭富足，希望婚姻美满，希望下一代能有较高的生活质量，往往造成鱼与熊掌不可兼得的局面，也是产生婚育恐慌的主要原因。

3. 对于职业方向的恐慌

案例链接：

宋平，32岁。大学毕业之后一直从事销售工作，在武汉多家知名企业做过主管，但一直未能做到大区经理及更高职位。于是，宋平跳槽到一家民营企业，在这家民营企业担任销售主管。虽然坐上了销售主管位置，而且受领导器重，但宋平心中总有一丝淡淡的忧虑挥之不去：身边的同事多是“80后”（1980年以后出生者），他们年轻而富有活力。宋平非常担心迟早有一天自己会被“80后”排挤走。“继续打工，前途不明朗；若选择创业，可缺少勇气和项目。”谈到未来，阿平不禁长长叹息……

对于职业方向的恐慌，也是造成职场“年龄恐慌”的很重要的一个原因。

当今社会，人们对于职业的选择有很大的自由性。在自由选择职业、岗位

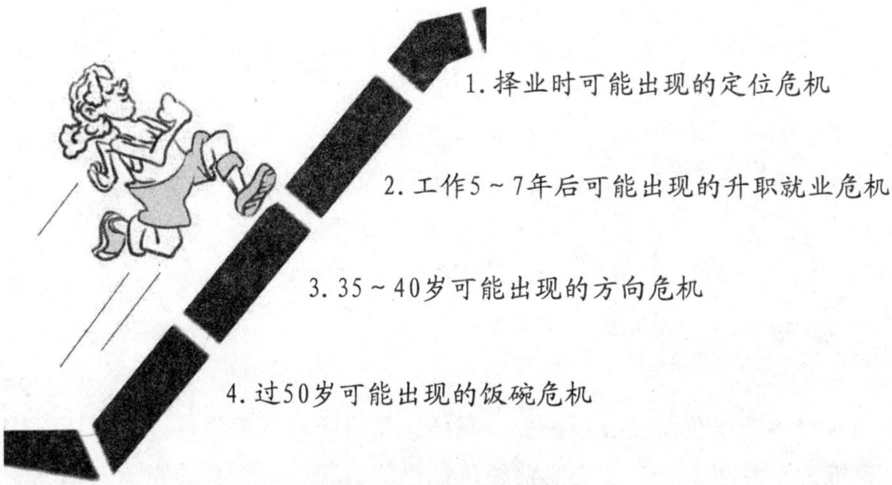


的同时，也会有失业或对职业不满意的时候，即遇到职业危机。职业危机可能因人、时间、环境而异，但对大多数人来说，最可能产生职业危机的有四个时段：即择业时可能出现的定位危机；工作5～7年后可能出现的升职就业危机；35～40岁可能出现的方向危机；过50岁可能出现的饭碗危机。而在这4种危机中，最令职场中人困惑的便是“方向危机”，这常常会给人造成一种无形的恐慌情绪。这种恐慌源于对职业未来的未知和不确定，迷茫中看不清方向。

4. 对于职场竞争的恐慌

**案例链接：**

何路，三十有二，在一家广告公司就任策划部主管一职。

虽然有深厚的策划功底，也有多年的策划经验，但市场变化太快，竞争太激烈，还是让何路常常会有一种竞争的恐慌感。何路每天要查阅大量的报刊文件资料，进行研究分析，撰写策划书，一份策划书要反重推敲，反复修改无数遍，有时客户不满意，有时被老总给枪毙了，还得再从头来。

“我觉得太累了，压力太大了，累得压得人喘不过气来，真是人在江湖身不由己。”何路深有感触地说。

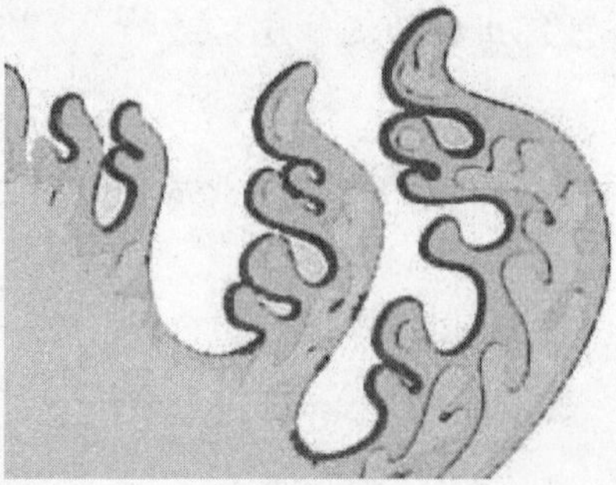


当今社会，竞争白热化程度日趋加深！这一点在职场上表现得尤为明显。激烈的竞争，使得很多职场人诚惶诚恐，忧心忡忡，很担心哪一天就会因为做得不够出色而被公司裁员。职场就是这样，从来都是“长江后浪推前浪，前浪死在沙滩上！”加之当前经济危机肆虐职场，所有的职场人都感受到了前所未有的生存危机，在这种环境下，一个人不去竞争，就要被淘汰！这是造成职场竞争恐慌的主要原因。

再者，在一些公司就职时间较长者，在看到新人的生龙活虎之时，不禁就会分析到自己的潜在处境。“嫉贤”一词用在此，是一种竞争恐慌心理的反应。

## “年龄恐慌”导致心理“变态”

我们以客观的眼光来看待“年龄恐慌”，它对职场三十的你，其影响是正负两方面的。就正面影响来说，它能够使你更加积极地努力，奋发向上；就负面影响来说，它无疑会给你造成的巨大的心理压力和负担。这里，我们来重点关注“年龄恐慌”的负面影响。

我们知道，“年龄恐慌”会给职场三十的你造成的巨大的心理压力和负担。它很容易导致你的心理发生“变态”，主要表现为：

1. 自卑心理

有这样一句话：“人比人，气死人。”的确，无论是能力还是生活状况，人和人之间不可能拉平，总会有差别。进入职场三十后，人与人之间的层次开始逐渐拉开。若你不能正确看待这种差距，就会在与别人的比较中，觉得自己哪方面都不如别人，产生自卑心理。在遭受到挫折之后，你会变得极度沮丧而且易于动怒，看什么都不入眼，牢骚满腹，严重影响你正常的工作和生活。

人和人之间不可能拉平，总会有差别。进入职场三十后，人与人之间的层次开始逐渐拉开。若你不能正确看待这种差距，就会在与别人的比较中，觉得自己哪方面都不如别人，产生自卑心理。

自卑的人，不喜欢别人批评，也不好意思接受表扬或恭维，对自己的能力缺乏信心，常常在社交场合感到无所适从，不知道怎样去应付，导致你不愿在社会上抛头露面，对自己的判断和评价低于真实的自己，容易产生消极的语言和想法。

2. 孤独心理

由于工作忙、负担重，加之很少有时间与别人进行交流，你很有可能就会产生强烈的孤独感。此外，由于存在竞争，你与周围人的关系越来越冷漠。尤其当你成功以后，你就会真正体会到“高处不胜寒”的滋味。

**专家提示**

封闭的内心世界，阻碍了你通过情感交流建立真正的友谊，缺乏友情和正常交流使你陷入一种强烈的孤独之中，对他人的排斥和孤独感加剧了你的情绪危机。

3. 焦虑心理

一个人在长期的紧张状态下就会引起焦虑。焦虑是肌体面对危险时采取的准备方式，但当不存在某种危险而焦虑发生或焦虑过度时，这是一种病态，它会对人的健康带来损害。

焦虑心理普遍存在于当今的职场。例如，某某突然接到下岗通知后，心里一着急就失明了，这种现象被心理学家称为“转换反应”，就是由神经焦虑症所引起的。

4. 沮丧心理

身处职场，你难免会遇到这样或那样的挫折和失败。如果你心理调适能力不强，你就可能会从此一蹶不振，情绪低落，整日忧愁沮丧。

5. 抑郁心理

抑郁心理常常表现为心境低落、焦虑激动、躯体不适、睡眠障碍等。抑郁心理产生的原因通常是由于你对自己的要求过高，对成就的苛求往往使得你集中全部的精力追求成功。而一旦当你遭遇失败后，就会极度的沮丧、绝望。由于对失败和挫折没有心理准备，你容易从夸大失败到否定自我，由害怕失败到避免做任何事情，使你的生活变得无精打采。

**专家提示**

沮丧情绪常会扩大你生活的不幸。对被持续强烈的沮丧情绪困扰的你来说，很有必要接受心理治疗，但你又常常不愿承认自己心理有问题，这就不可避免地会对你的工作、生活、婚姻造成进一步的破坏。

### “年龄恐慌”的因应对策

当职场三十的你遭遇职场“年龄恐慌”，进而产生“变态”心理时，如不能及时地予以化解，你很可能就会产生混乱感、无能感、失落感、空虚感等，这会严重妨碍你的事业发展以及身心的健康。那么，在这种情况下，你应该如何去做呢？

1. 树立坚定的信心

应对“年龄恐慌”，消除由此带来的不良情绪。树立坚定的信心，对职场三十的你来说，尤为重要！

一般认为，职场三十的人智力成熟、知识面宽、经验丰富，正是大显身手，在事业上多出成果的年龄阶段。

有人统计了从公元600年到1960年之间出现的1243位科学家的1911项重大发明创造，发现创造的最佳年龄是30～45岁。因此，只要你树立坚定信心，选好职业目标，找到恰当的方法，就会大有作为！

2.积极参与各种人际交往

对于正遭遇“年龄恐慌”的你来说，尤其应该——

◆ 积极参加各种社会活动，不断开阔眼界，扩大你的交际范围。

◆ 多进行人际交流，营造丰富多彩的生活，培养自己的好人缘，这样会使你的心理安全感大大增强。

◆ 对别人的了解、信任和尊重，能缩短你和他们的心理距离，减少人际间的各种矛盾不愉快。

◆ 要乐于同各种性格、爱好、脾气的人相处。

积极参与各种人际交往，能有效分散和转移你的消极情绪，使你保持心理平衡，从而获得身心的健康。

3.劳逸结合

职场三十的你，面对劳碌的工作和沉重的家庭负担，应该统筹兼顾、合理安排——

◆ 不要因忙碌而忽视休闲和娱乐，这既是一种休息方式，又可以调节情绪。

◆ 不要因为工作繁忙或身体健康而忽视体育锻炼，生命在于运动，体育锻炼对中枢神经和内分泌系统都有良好的作用，可以改善循环和呼吸机能，促进新陈代谢，提高大脑工作效率。

◆ 遇事不要操之过急，正确地思维，稳妥处理。

◆ 改变不良的睡眠习惯，不要长期熬夜，生活要有规律性。

◆ 不要让烦恼加重大脑负担，让大脑的工作和休息符合自然规律。

职场三十的你，要么应该学学日本松下公司“乐在工作”的精神，要么就学学英国人在忙碌之余，来一杯下午茶，休息一下！

4. 提前进行科学的规划

身处“年龄恐慌”的你，可以这样来做——

◆ 把自己的工作列出计划，每天要完成多少也要有个明确的目标，切忌不顾自己实际能力随意定目标。

◆ 在工作中，如果你遇到很多麻烦，不妨把在生活和工作中遇到的困难按难易程度进行排队，然后一一解决。

◆ 有秩序的生活会使你每天头脑清醒，心情舒畅。譬如，每天下班前整理好办公桌，定期清理电脑中的文件和电子邮件都是必要的。

◆ 千万不要小看家庭生活。一个从容的早晨，一顿丰富的早餐也许就决定了你一天的心情和工作效率。

5. 适度地期望一些东西

职场三十的你，最应该将自己的期望值调到一个合理的限度——

◆ 你和同龄人的社会地位、经济收入也许会有悬殊的差距。面对别人的进步，你应坦然看待，不要有嫉妒和自卑心理，无须怨天尤人，自己只管做自己应该做的事情就可以了。

◆ 要保持“知足常乐”的心态，要追求但不勉强自己。

◆ 一定要弄明白自己最想要什么？金钱、事业、地位还是不断超越自我？而后分析现在的工作能不能给你提供这些物质条件或精神上的感受。如果二者有很大的差距，你恐怕应该考虑换一下工作了。

◆ 不要指望别人都会站在你的立场考虑问题。认识到这一点，你会减少很多失望和挫折感。

6. 寻求情绪上的发泄

当“年龄恐慌”使你感觉压力很大的时候，你不妨通过一些形式发泄一下自己内心的不良情绪。譬如酒精麻醉、找亲人和朋友倾诉、旅游、锻炼，等等。对于女性来说，大哭一场可能是你最好的一种发泄方式；即便是男性，你也可以大哭一场。现代医学上表明，“哭是一种很好的舒缓压力、排解痛苦的好方法。”

总之，你要让自己的心情放松下来，学会以平和心态面对现实！

7. 盘活你的热情

要知道，大部分时候，你的疲劳并不是因为工作，而是因为忧虑、紧张或不快的情绪。对此，你可以——

◆ “假装”对工作充满兴趣和热情，微笑着去听每一个电话；
◆ 上班的时候大声跟同事说“早上好”；
◆ 加班的时候可以说：“太好了，又有事干了。”

要记住，凡事都要往好处想，这样就会让你的心情变好，烦恼也会随之消失。

8. 学会拒绝

职场三十的你，在工作中，要学会拒绝他人。你的精力有限，在你状态不佳时，就别勉强自己接受额外的负担，哪怕请求者是你要好的同事或朋友。你一定要记住：健康和快乐比什么都重要！

# 再谈职场“35岁现象”

何谓职场“35岁现象”？

职场“35岁现象”是指目前全国各地人才市场上出现的一种招聘现象，即许多招聘单位在招聘启示上打出“年龄要求：35岁以下”。

## 35岁，迈不过去的一道坎儿

如今，“35岁以下”似乎成了各公司或企业招聘条件的固定用词，不管是大单位还是小公司，做“IT的”还是“卖狗皮膏药的”，年龄要求如出一辙——“35岁以下”。虽然个别公司或企业没有提出明确要求，但并不意味着就没有要求。因为，“35岁以下”似乎成了招聘“潜规则”，说不说都是那么回事！

虽然有些公司或企业在“35岁以下”后做出注释：“能力特别突出者适当放宽”。但什么叫能力突出？谁能说得清楚？总之，大龄求职者要想以长补短，譬如以高学历弥补年龄的劣势，也并非易事。

苦恼的35岁

案例链接:

38岁的罗杨是某大学的博士研究生，为了找到一份工作，他给多家单位打电话应聘。令他尴尬的是，当电话那头问清他的年龄后，都含蓄地暗示他“年纪太大了”。他的解释是：现在很多单位和管理者都很年轻，招进来的人如果学历很高，又是个“老同志”，管理起来会有诸多不方便之处。

“35岁现象”，给大龄求职者造成了很大的压力和精神恐慌。在一次对35岁以上大龄求职者的抽样调查中，86%的人感受到了年龄带来的压力和恐慌。尤其像IT和广告业这样的用人单位，对一线职员的年龄大都限制在35岁以下。

### 女性的遭遇更加尴尬

实际情况中，同样是遭遇“35岁现象”，女性的处境似乎比男性更为尴尬：

◆ 有些单位干脆就将女性拒之门外，有些单位当女性职员到了28岁就想办法将其解雇。

◆ 一些技能门槛较高的职位，除了要求“年龄35岁以下”外，大多仅限招男性。

◆ 一些适合女性或者说不限制性别的岗位，如文秘和服务等职位，又都把年龄限定为“25岁以下”。

由于上述种种原因，适合大龄女性的岗位可谓少之又少！

---

在职场上，女性向来饱受性别歧视的困扰，属于弱势群体。无论你能力怎样突出，性格是如何的好，在求职时也常常会因为年龄和性别而遭遇尴尬。随着年龄的增加，这种劣势就更加明显。于是，有人总结：35岁的女人属于“三无牌”——无自由、无青春、无资历。

---

女性一过30，年龄的危机感就会愈来愈强烈，生存的压力就会如同重重的石块般压在心里。人才市场上，随着如今大量剩余劳动力的涌现，即使是条件再差的公司或企业，也能在招聘时收到一大摞简历。对女性的招聘条件越来越苛刻，符合招聘条件的职位越来越少。与此同时，孩子在一天天长大，父母在一天天老去。需要用钱的地方越来越多，如何不令女人上火焦心？

**案例链接：**

刘女士是一家外企人力资源部经理。照理说，像她这样的岗位足以让人艳羡。但如今37岁的刘女士丝毫不觉得轻松，反而她时常会感到危机四伏。刘女士说，她当初进这家外企的时候只是凭着本科文凭和一口流利的英语。而现在就没那么简单了，她所在的公司最近四处网罗人力资源部经理，要求是“薪酬福利设计专员，3年大企业职业生涯设计工作经验，35岁以下”。即便如此高的要求，应聘者还是络绎不绝。看着成群结队前来面试的少男少女，刘女士倍觉焦虑和不安……

### 用人单位的说辞

“35岁现象”集中反映了当下公司或企业用人普遍的心态和标准。那么，为什么当下公司或企业不愿聘用大龄职员呢？以下用人方罗列的种种理由：

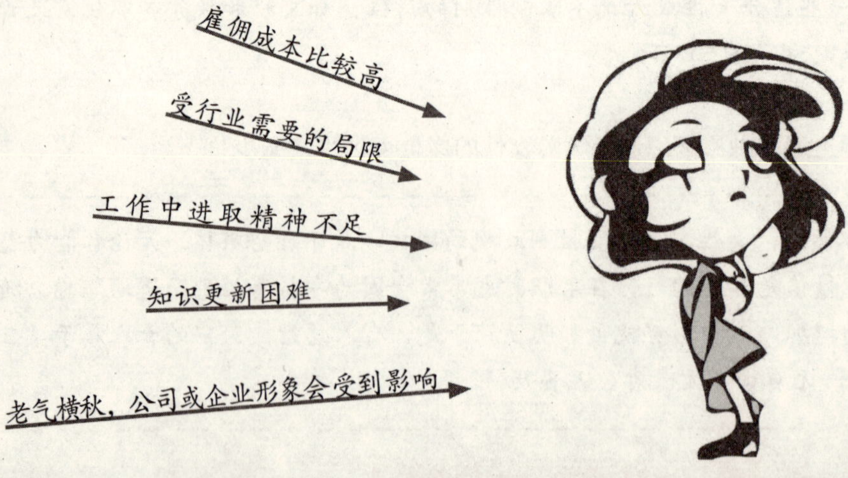

1.雇佣成本比较高

在大龄求职者中间，有不少是原来在机关或企事业单位工作的正式职工，薪水普遍比较高，而且都参加社会保险，有各种的福利待遇。这些人在进入公司或企业后，会要求接续社会保险等各种福利待遇，而且工资期望值一般也比刚毕业的年轻人要高。

**专家提示**

相较而言，初入职场的年轻人权益保护意识较淡，对养老和医疗问题不太关心。这无形中就降低了公司的人力成本。

2.受行业需要的局限

有些公司或企业只招“35岁以下”的职员，是因为年纪较大的人根本不适合干需要爬上爬下的活，只有年轻人才能胜任。也比如，做销售的要求是男性，那是因为这样的工作需要长期出差，而且还要会喝酒什么的。

3.老气横秋，公司或企业形象会受到影响

在一个公司或企业里，如果都是清一色的年轻人，会给人一种蓬勃向上的感觉，无形中就为企业形象增色不少。另外，年轻人思想活跃，有干劲，创造性强，也容易培养，有利于保持公司的活力。而大龄职员则相反。

4.工作中进取精神不足

大龄职员大多是有家室的人，上有老下有小，很难一个心思投入工作，缺乏进取精神，工作懒散，甚至有的还会因此干出有损单位利益的事。相比来说，年轻人有干劲，思维敏捷，接受新观念快，精力充沛，不少人尚无婚配，没有家庭拖累，无后顾之忧，能够全身心地投入工作。

5.知识更新困难

大龄职员的文化知识技能大多业已落后，没有多大的用武之地。如果要让他们重新学一门技能，或是更新知识结构，远不如年轻人掌握得好，掌握得快。

以上种种理由，尽管有用人单位的“一面之辞”之嫌，但无可否认，在许多公司或企业中，大龄职员的确普遍存在着上述种种弊端。

## 打破“35岁现象”的困局

“35岁现象”，对于正当此时的人来说，很大程度上就是一种年龄歧视。对于这种年龄歧视，固然需要政府就业政策的改革、就业渠道的拓宽以及社会用工大环境的改变，但这些都尚需时日。而你眼前需要做的，只有积极想办法，从实际出发寻找出路，做到有备者终无忧：

1. 坚持不断地学习

职场竞争，从根本上来说，就是知识和能力的竞争。而知识和能力的获得，主要依靠学习。“人活到老，学到老”，你必须不断地学习，才能不断地进步。

在职场中，你要拥有竞争力，一要有“一招鲜”，二要具备复合知识：

◆ “一招鲜”可以使你从众人中间脱颖而出，使人产生依赖性，提高你的价值；

◆ 复合型知识可以为你提供更多的就业机会，扩大工作面，使你的工作适应力更强，可塑性更大，不会出现“在一棵树上吊死”的尴尬局面。

2. 有“策略”地降低求职标准

当你找不到好职位时，就有必要及时调整求职策略，降低求职愿望，先找一份稍微差一点的工作。有了基本的生活保障，压力不太大了，再根据实际情况边工作边学习，等具备了一定知识和能力条件时，再找机会跳槽不迟。

3. 做准确的职业定位

你在做职业定位时，切忌和年轻人较劲。应避开“吃青春饭”的职业，诸如IT之类的行业，因其对创新能力、体力、灵活性等要求较高。而选择比较注重资历或经验的职业，譬如说教育业、医疗业等职业。这些职业一般非常注重资历，年龄大反倒是一种明显的优势。

4. 转移阵地

如今通信和交通都非常发达，你可以考虑异地工作。不过，你首先要处理好家庭问题。

5. “鸟式就业”

即像鸟儿一样飞来飞去，哪里有食就往哪里飞。比如春夏推销防晒霜、啤酒、饮料、安装空调；秋冬又到火锅店、浴室。如今生活多样化，就业形式除了“朝九晚五”的全日制，还有许多临时性、季节性、计时性的就业方式。就业形势严峻，适者生存，你不妨一试。

6. 考虑自主创业

如果你有条件的话（资金条件，技术条件、人际关系条件等），自主创业是一种非常不错的选择。而且这也符合你自身的年龄及经验等特点。若大的项目做不了，完全可以从小本生意做起，慢慢积累资金，而后再做其他项目。无论如何，自己做老板总比给别人打工好。

# 职场三十，看清你自己

职场三十的你，正在遭遇职场关键期的困局。若要想突围出去，你首先必须要对自我有一个客观、清醒且全面的认知：自己在职场有哪些优势，有哪些劣势；如何发挥自己的优势，补足自己的短板。如此，你才能更好地把握自己的职场命运，在职场中胜出！

## 职场三十，你开始吃香

职场三十，从一些方面来讲，你的确进入了一个吃香的阶段。这主要表现为以下几个方面。

### 经验开始吃香

职场三十，你也许学历不高，也许精力比不过年轻人。但你却拥有这个年龄段的一个重要资源——年轻人无法具有的经验。不论你是自己创业当老板，还是为别人打工，经验的价值是仅仅凭借一纸文凭所无法替代的。

虽然唯学历论仍然在大兴其道，但我们可以看到，如今许多用人公司或企业开始更强调经验的重要性。对于一些比较重要的岗位，或技术含量比较高的职位，用人单位也都强调了经验的重要性。

我们随便找来一份招聘报纸，绝大部分的岗位都要求应聘者有本岗位两年或三年以上的工作经验。有的要求有人际交往和协调能力，有的要求有丰富的社会经验，有一定的客户资源，等等。

另外，还有一种现象，就是如今的就业市场上，除了一些必须年轻的职位，已婚女性似乎比未婚女孩更有优势。这是因为，已婚女性已经或能够承担家庭的责任，已经是有了下一代。与未婚女性相比，已婚女性生理和心理显然要成熟许多，忠诚度高，责任心强，一不如意就跳槽的现象大大减少。某些工作岗位，如一些管理性的工作、财务、技术支持、客户服务经理、人事培训专员和人力资源经理等岗位，需要有一定的社会经验，已婚女性社会经验丰富，更为适合，企业更喜欢录用这样的人。

**案例链接：**

年近不惑之年的艾先生，下岗后再就业，就职于哈尔滨市的一家保险公司，重新工作一年多，月入2000千元左右，日子过得有滋有味。他深有感触地说：

“要想就业，首先必须要战胜自己，有良好的心态。30多岁人下岗后，虽然没有了年龄优势，但社会阅历和工作经验多，吃苦耐劳，干活踏实，这是年轻人没法儿比的。我做保险，没像年轻业务员那样，磨破嘴皮说保险如何如何好，而是先和客户交朋友，推销我的人品。曾经有一次，为了给一个客户义务帮忙，我往这家公司连着跑了12趟。后来，这家公司的人力资源部经理被我打动了，买了我的保险。表面上看，我是抱着目的做这些事的。事实上，我做这些事都是真心真意的。只有真心，才能打动别人。”

## 责任感开始吃香

职场三十，绝大多数的人都步入了婚姻生活，拥有了一个稳定的家庭，上有老下有小。婚姻使得职场三十的人变得越来越实际，你得对自己的婚姻和家庭负责。对于工作，必须尽心尽力，只有这样，才能到月底拿到薪水。这个时候，你就不能像单身一样，轻率地辞职，想不干就不干，你得考虑自己另一半的想法。家里的一切开销你得负责，你得承担更大的经济压力。在这种情况下，你对工作就得更加慎重，跳槽的时候顾虑会更多。

你作为家庭关键成员，若还扮演着重要的社会角色，面对的自然是无尽的压力。面对这些，你如何没有责任？既然责任无法逃避，你只有迎难而上，勇敢地承担属于自己的责任。

显然，职场三十的你，要比年轻人具有更多的责任感。这种责任感是坚实的、可靠的，远不是20多岁时的幻想和冲动。有了这种素质，你就会脚踏实地、扎扎实实地做事为人，去面对一切艰难困苦：

- ◆ 在工作中，你会谨慎从事，认真负责，积极主动；
- ◆ 比年轻人更积极肯干，更敬业，更努力，更自觉，考虑问题更周全；
- ◆ 交给你的工作，你不会三心二意，一定会尽最大努力做好；
- ◆ 你的心理承受能力也比年轻人好，总是尽可能地把事情做得尽善尽美。

因为经验告诉你，找一份工作并不容易！

**案例链接：**

有一位日本大学生，毕业后到一家公司工作，老板安排她打扫卫生间。对这样的安排，她很不以为然。年近40的领班似乎看出了她的心思，就亲自为她示范，教她如何清洁卫生间。

只见领班极细致地反复冲洗马桶，直到确认非常干净时，往马桶里倒进去一些清水，随即舀出一杯，一仰脖子就喝了下去。看上去极其自然，毫无勉强。看到这些，新来的大学生惊呆了。领班说："你以为打扫卫生间就很容易吗？你敢保证你每天打扫的卫生间这样干净吗？"从此这名大学生兢兢业业、勤奋工作，毫无怨言。后来她被提升了，再后来她当上了日本国会议员……

## 成熟气质开始吃香

职场三十的你，可说是行业的中流砥柱，是社会的财富，是家庭遮风挡雨的一把大伞。

成熟，是你最大的财富！

这时的你:

◆ 看问题有见地，判断是非有标准。

◆ 多少年的学习与体验，多少年的经历与积累，形成只属于自己的思维方式。

◆ 培养出稳健果断的处事风格，有更多的智慧，能理智地驾驭各种复杂问题，出色地处理棘手问题。

◆ 言必行，行必果，干练机智，占尽天时地利人和。没有轻浮，没有鲁莽，没有草率，没有盲从。

◆ 拥有人生最扎实的生存要素，拥有在生活中锻炼得足够的豁达襟怀。不必处心积虑地为升迁深谋远虑，更不为蝇头小利斤斤计较。

◆ 知道如何为自己加压，更知道怎样给自己减负，最懂得什么才是真正的洒脱。

◆ 开始真正懂得生活，明白事理，善于透视人生，熟悉了生存技巧。

◆ 经历的事多了，修炼得宠辱不惊；感悟的事多了，能轻松地左右逢源、上下喝彩。

◆ 虽然上养老、下养小、中间有自己，重任在肩，但能驾轻就熟，一路前行。

以上这些方面都体现出了你成熟的气质。这是你职业及生活的坚强保障！

# 职场三十，你很脆弱和敏感

职场三十，在这样的年龄段，你也是非常脆弱和容易敏感的，这是因为你需要承担来自各方面的压力。如果你无法面对和承受压力，你就会被压力所摧垮。因此，在重重压力之下，你必须学会坚强，为了自己，为了家庭，也为了你的责任。

## 你肩上的担子沉重了许多

职场三十，在这样的年龄段，你需要面对来自各方面的压力：

1. 来自于工作上的压力

对于职场三十的你来说，要时时面对工作上的各种压力。譬如：

◆ 如果你在国营企业工作，你要时时关注下岗分流、减员增效、内退买断等；

◆ 如果你在私人企业工作，那你的工作可能更加不稳定，老板一不高兴，你就得卷铺盖走人；

◆ 如果你是在事业单位工作，也轻松不到哪儿，末位淘汰、提高学历、机构改革、任务指标等等，常常会压得你喘不过气来。

总之，不管是在公司或是企事业单位，都会有一系列的规定压着，上班签到、下班点名、病假扣钱、事假限天、上厕所要小跑，干不完要加班……你必须拼命工作，才能保住饭碗！

2. 来自于家庭生活的压力

对于职场三十的人来说，家庭生活是你重要的压力源之一。

如果你家庭不和睦，家人整天和你闹别扭，矛盾重重，你的压力不言而喻。即便家庭和睦，你也有操不完的心，跑不完的路：

- ◆ 孩子年龄小，上学要接送；为了加营养，一日三餐不重样；
- ◆ 别人家买了电脑，自己家也不甘落后；
- ◆ 别人家有了汽车，自己家也要想办法买辆摩托；
- ◆ 人家有了四室一厅，自己也要想法降低楼层；
- ◆ 人家身穿名牌，自己也不能太寒酸。

……

如今的社会，物欲横流，各种诱惑多且大，你想要躲避可不是那么容易的！

3. 来自于经济上的压力

事实上，无论是工作压力也好，家庭压力也罢，归根结底都是经济上的压力。不可否认，职场三十的你，也许是大款级别，这自不必说，你可以不必为钱发愁。若你是一般工薪阶层，你就必须要把有限的工资用到无限的各项开支中去：

◆ 孩子上学要花钱；

◆ 红白喜事要随份子，不然人家说你六亲不认；

◆ 父母岳父母有事要花钱，不然人家会骂你不孝；

……

可以说，你一睁眼就是钱！钱！！钱！！！而现在赚钱又十分不容易，你没压力才怪！

4. 来自于情感方面的压力

职场三十，来自于情感方面的压力也非常突出：

◆ 你在公司需要与上司沟通，不然日子不好过；

◆ 隔三差五，你需要和同事、朋友沟通，否则日久情淡，万一有个事情没人帮忙不好办；

◆ 你需要经常抽时间，用于巩固夫妻感情，如陪妻子上街等；

◆ 你需要领孩子逛公园，不然心中会有愧疚感；

◆ 你必须常回家看看，不然老人一定会埋怨你；

……

职场三十的你，常常是顾了这头顾不了那头，情感上疲惫不堪！

## 压力使你形同一个“玻璃人”

职场三十，在你干练、踏实、坚定、沉稳、刚强的外表下面，也有脆弱的一面。这里所谓的脆弱，不是说遇事无主见、抵挡不起风雨、风吹两边倒，等等。而是说，其实你心理也很脆弱，只不过不表达出来而已。你可能不会像年轻人那样将喜怒哀乐随时表现在脸上，而更多的是压抑在心

里。你遇到困难和挫折的时候，同样也会彷徨和苦闷，产生畏难情绪。

职场三十的你，与年轻人相比，你的脆弱性会表现出更不易接受批评，自尊心往往比较强，哪怕是一些不很尖锐、很“实质”的批评，都觉得无法接受，甚至觉得汗颜。你会因此对批评自己的上司或同事产生误解，认为对方是在跟自己过不去，故意在找你的茬。如果这种想法不能得到及时疏导，久而久之，你就会跟上司或同事产生隔阂，影响工作效率和团队情绪。甚至是选择跳槽，想方设法离开是非之地。

**案例链接：**

有一部美国影片，故事情节是这样的——

一位36岁的中年男人，一天早上妻子为一点点小事跟他吵了一架，他特别生气。快到上班时间，他扔下大吵大闹的妻子上班去了。

这位中年男子一路上急急忙忙，不幸遇到了交通堵塞，天气也阴沉沉的，让他觉得特别压抑。等他到公司的时候，已经迟到一个小时。

在他跨进公司门口的时候，正巧老板也刚到。他装作没看见就进办公室去了。刚坐下，老板就派人来叫他，说他昨天签的那个合同有问题，老板严厉地批评他。

回到位子上，他越想越气，最后导致掏枪来杀人的极端行为……

## 压力牵动你敏感的神经

职场三十的你，如果压力过大的话，常常会导致你对任何事情都极度的敏感——尤其当你是一位女性。一般来说，会表现在以下方面：

1. 对年龄敏感

2. 对话语敏感

3. 对流言蜚语敏感

4. 对其他事情敏感

1. 对年龄敏感

你可能害怕别人问起你的年龄，如果你是女性的话，就更是如此！你不会大大方方地告诉对方自己多大了，哪怕是告诉对方自己是哪一年毕业的，你怕别人推算出你的实际年龄。

2. 对话语敏感

职场三十的你，有时对来自同事、朋友、家人之间的话语也相当敏感。本来毫不相干的话语，你会联系到自己身上，然后东想西想，猜测别人的话外之意，假如觉得对方是在说自己，你就会进行无端指责，让别人觉得莫名其妙。

3. 对流言蜚语敏感

你对一些涉及到自己本身利益的事甚至会无端地盲目怀疑，如晋级、加薪、留任没有满足自己的愿望时，你就可能怀疑是不是同事在背后打自己的小报告，等等。

4. 对其他事情敏感

职场三十的你，敏感还表现在很多方面，譬如：

◆ 孩子放学后晚归，会联想起路上是否发生车祸；

◆ 听说同龄人得癌死亡，马上会联想到自己；

◆ 丈夫晚归，联想是否有第三者；

……

你的以上种种联想往往是灰色的，导致你不愉快、懊丧或伤心。这些敏感的心理往往使你处事过于踌躇、顾虑重重，害怕和陌生人接触，脾气变得很坏；白天忧郁寡言，晚上夜不能寐。特别是当你遇到挫折的时候，往往表现得更为强烈。

## 压力牵动你敏感的神经

我们说，职场三十的你，之所以会脆弱和敏感，问题的根源就在于各方面对你的不良压力。因此，如何有效缓解和消除这些压力对你的不利影响，也就成了解决一切问题的根本。

1. 培养乐观向上的情绪

你应该：

◆ 培养开阔的胸怀，养成不计较小事、处变不惊的良好心态。

◆ 遇到不顺心的事情，应学会尽快从不良情绪中解脱出来，保持一种稳定而乐观的情绪。

◆ 要学会合理安排工作和学习，对于家庭和工作，要统筹规划。

◆ 不要因繁忙而忽视身体锻炼，这既是一种积极的休息方式，又是调剂心态的良方。身体好，精神自然就会振作，精力会更充沛，从而预防和战胜各种疾病。

2. 理性处理任何事情

职场三十的你，在做任何事情时都要更加的理性，要有自己的原则和标准。无论是对待爱情、婚姻，还是自己的事业、职业，甚至是日常消费，都要如此。

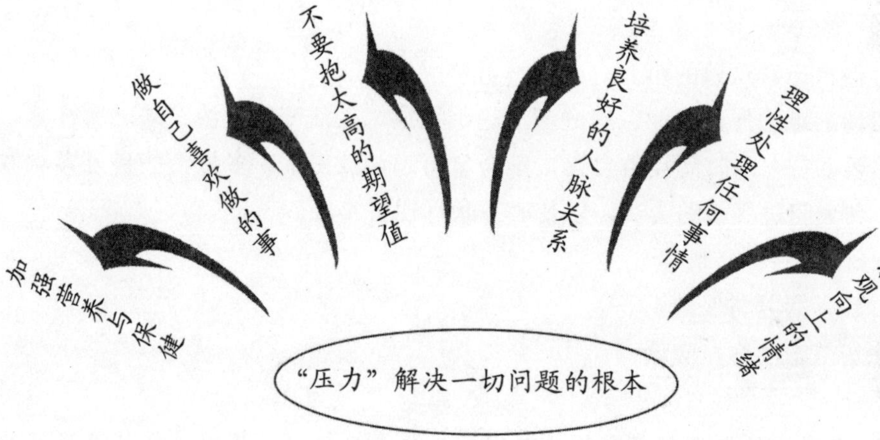


3. 培养良好的人脉关系

职场三十的你，要培养良好的人脉关系，你应该：

◆ 要学会正确评价自己，客观看待自己的优缺点，不要情绪化；

◆ 在工作中要善于同性格、爱好、脾气秉性不同的人相处；

◆ 要注意不断增进对周围人的了解，只有多交流、多了解、多信任、多尊重，才能缩短彼此心灵距离，才能减少和避免各种不愉快；

◆ 要积极参加各种社会活动，不断开阔眼界，扩大交往范围，这样可以增强心理上的安全感。

4. 不要抱太高的期望值

职场三十的你，应该:

◆ 面对同龄人成为上司或富人，你应该坦然处之，切忌嫉妒和自卑心理。

◆ 不要让怨天尤人的情绪困扰自己，而是应该用脚踏实地的工作、广泛的兴趣来充实生活，取代不良情绪。

◆ 要根据自己的条件和现实允许度确定期望值，不要勉强去做根本办不到的事情。

◆ 要学会知足常乐，对自己期望值不要太高，否则当你的理想和现实难以平衡时，挫折感和自卑感就会随之而来。

5. 做自己喜欢做的事

职场三十的你，事业、家庭渐渐趋于稳定，生活变得平淡、缺乏新鲜感。这时你要多花一些时间反省自己，学会拿得起、放得下，多做一些自己喜欢做的事，并大胆进行新的尝试，以使心态永远保持年轻。

6. 加强营养与保健

职场三十的你，应该:

◆ 有严格的生活制度和作息时间，工作与生活要有规律，保证有良好的休息、充足的睡眠和轻松的娱乐。

◆ 不吸烟，少喝烈性酒。

◆ 培育良好的性格，克服性格上的孤独、多愁善感、敏感多疑、好生闷气、易发脾气、容易嫉妒、不好社交等缺陷。

◆ 努力培养豁达、乐观、灵活、坚强、兴趣范围广泛等良好的心理特征。

# 6

# 职场三十10个问题

在第一部分中，我们就职场三十所遭遇的种种困局以及职场三十的优劣态势所分析和了解。职场三十的你，在面对职场向左固守还是向右发展的问题时，你当然是选择后者，这是毫无异议的。

事实上，在面临任何选择或是抉择时，对于问题的思考和分析，都是非常重要的。每一个问题的解决，就意味着你更清晰地看到了方向和出路。职场三十，在你这个年龄段，有10大问题是你必须要考虑的：

- 怎样让上司为自己“加薪水”？
- 怎样让“晋升”的机会落在自己的头上？
- 工作压力大怎么办？
- 怎样做一个受下属欢迎的上司？
- 怎样与同事处好关系？
- 怎样和自己的上司相处？
- 跳槽还是卧槽？
- 要生活还是要工作？
- 要不要走自主创业之路？
- 要不要进行职业生涯规划？

在本部分中，我们将针对这10个问题进行详细的分析，并针对这10个问题给出编者的一些看法。

# 怎样让老板为自己“加薪水”？

一天，某公司的一位老职员鼓足勇气，走入经理办公室。

职员说：“先生，我在这十多年里，一个人干三个人的活，却只拿一个人的工资。我请求加薪。”

经理说：“很好，我可以为你加薪，但有一个条件：请说出来你为哪两个人多干了活，我先将他们解雇。”

毫无疑问，加薪是有效消除职场三十人士“年龄恐慌”的最佳途径之一。加薪，可多可少，但事实上，这并不是最重要的。加薪，其所传达出的外延意义甚至远远大于加薪的本身。上司为你加了薪水，说明上司认同你努力和价值，说明你仍有上升的空间。

因此，当你很想知道自己在本职、在公司的价值有多大时，那就要求上司为你加薪吧！

# 要求加薪，应该主动提出来吗？

“你年薪多少啊？”“最近公司有没有给你加薪啊？”在日常生活中，薪酬这个最不透明、最敏感的因素似乎成了老生常谈、不可回避的话题。面对着不断上涨的物价，越来越大的开销，“钱途渺茫”已然成了职场三十人士秘而不宣的隐痛。可职场中的浮浮沉沉并没有带来薪水的改观，朋友见面，你甚至会因为薪水问题而羞于启齿。

薪水，一直是职场三十的你头疼的事情；加薪，也成了你一直期待的事情。

## 加薪，爱你在心口难开

加薪，是每一个职场三十人士都梦寐以求的事情。谁不想？谁都想！你也不例外。但你很少会主动向上司提出来，真是有一种“爱你在心口难开”的无

加薪，爱你在心口难开

1. 迫于就业压力
2. 普遍的弱势心理
3. 信息搜集不对称
4. 公司的经营状况

奈。这究竟是为什么呢？分析而言，无怪乎以下几点原因：

1. 迫于就业压力

对于职场三十的你来说，你可能所做的大部分是事务性的辅助工作。没能形成自己的核心竞争力，可替代性强，任何人都可以坐你的位置。眼看着新人的虎视眈眈，你还要提防上司一不顺心会不会把自己开了，哪还敢提加薪之事！

2. 普遍的弱势心理

你肯定知道“枪打出头鸟”之说！公司同事谁都不敢先迈出这一步，都担心加薪不成反而工作不保。因此，总希望别人先提出，可以效仿一下，或者看接下来的形势如何发展。你肯定也会这样想。

3. 信息搜集不对称

你可能对于同行业同类公司相关职位的薪资待遇平均水平，并未调查清楚，而这又是提加薪的一个重要前提条件。加薪提的过高公司无法接受，另还可能会引起上司怀疑你是否打算跳槽；而低于平均水平，对于你个人来说仍是未能达到最终目的。

4. 公司的经营状况

事实上，只有当公司赚钱了，失业的可能性小了或是没有了，上司才有可能为你加薪。这恐怕就叫“荣辱与共”吧！

### 头儿，我要求加薪！

你也许会发现，和你一起工作的同事，抛却能力比你强的不说，那些能力和你持平甚至还不如你的人却频繁获得加薪，这种现象的原因是什么呢？

事实上，这很大程度上与他们懂得去主动争取上司为他们加薪有关。

据一项统计显示，当今职场，仅有16.67%的人表示会主动向上司要求加薪；有50%的白领想提出加薪，却又不知如何向上司要求！

事实上，在职场中，主动要求加薪是一件无可厚非的事情。你在职业的初期，由于各项条件所限，公司一般不会付给你很高的报酬，干多少活儿给就你多少薪水。随着你的工龄的增加，你的能力也在不断地提高，你所为公司创造的价值也在与日俱增，理所当然地，你的薪水也要成正比地增加。然而，我们可以看到，有不少的人正是由于我们上面所提到的几点原因，而不敢或是没有主动地向上司要求加薪。

所以，对于职场三十的人来说，只要你的公司经营还好的话，那就大胆地说出的你的“加薪”要求吧！

主动地要求加薪对于每一位职场人来说，其正面意义是多方面的：

1.它是一种对于职业的积极态度

拿破仑说，不想做将军的士兵不是好士兵。引申而言，我们可以这么说，不想要求的加薪的员工同样不是一个好的员工。不管这句话在理论上有几分正确，但从中透露出来的积极进取的精神却可以使每一个努力的人走向成功！

2.它是一种发现自我不足的途径

你向上司主动要求加薪，一般来说，你要先掂量掂量自己的分量，看看自己的工作成绩够不够加薪的条件。这时，你会发现自己其实还有很多事情做得还不够。另外，上司接到你的加薪要求时，也会对你的工作进行全面的衡量和评估，这也能帮助你发现自己工作上的不足。

3.它是一种与上司沟通的机会

你向上司主动要求加薪，事实上，有时你不会得到上司同意的答复。这其中的原因当然会有很多：也许是因为你还不够加薪的条件，也许公司还没有这方面的预算，也许……总之，你的加薪要求肯定是不能实现了。但这时，你千万不能垂头丧气。你要意识到，这其实也是你和上司沟通的一次机会，你可以跟上司交交心，请上司为你的工作把把脉。上司肯定会觉得你是一个虚心上进的下属，进而对你产生好感。这很重要！没准儿，上司就会把你列为他的重点考察对象，下次加薪的名单上，也许就会有你的名字！

## 悟 小故事中的大感悟

李益刚初为企业销售主管时，公司开出的底薪是2000元，业绩提成是15%。

在做销售主管的头四五年，李益刚业绩一般。第六年，李益刚汲取经验教训，终于为公司赢得可观的50万元业绩。在一次庆祝会上，同行的一个朋友向李益刚透露他曾拿了2万元的业绩奖，还提了1000元底薪。当时，李益刚脑子里开始有了新的想法——向上司主动提出加薪。

要不要提？怎样委婉得体地表露心迹？一番思想后，李益刚终于走进上司的办公室。

当时，李益刚紧张中糊里糊涂不知和上司说了些什么。后来，好像过了半

个世纪似的，上司忽然攥紧他的手露出难得的惊喜："李益刚，你能提出加薪的建议非常难得，公司需要的是一批像你这样关注企业发展般注重自身生存价值，以及能自觉挑战自己主动要求进步的优秀管理者，这样公司也才会有激情、活力和创造力，公司也才会在市场中立于不败之地……哎，都怪我平时太忙了给疏忽了。"

当李益刚转过身走出上司的办公室时，他如释重负地长吁一口气，几乎喜极而泣，主动出击，这次他胜利了！

职场物语

要求上司为你加薪，你要像求爱一样，主动提出来才会有机会。

# 自己要求“加薪”的底气足吗？

你有怎样的价值？

公司支付你足够的报酬了吗？

如果连你自己都不知道你是否具备加薪的条件，你就不可能给上司一个要求加薪的正当理由。因此你要做的第一件事情是评估自己对公司的价值。

## 上司不会因同情而给你加薪水

“头儿，我上有老、下有小，中间还有个好吃懒做爱花钱的老婆（老公），你行行好！给我加点薪水吧！”

利用上司的同情心来获得加薪的目的，你也许会得偿所愿！你是多么的幸运啊！碰上这么好的一个上司，他是这么的重感情，这么的有大爱！没准儿你还可以趁着与上司谈心的机会和他谈谈自己生活上的困难，比如房租太贵、交通支出过高等等，他也会毫不犹豫地答应呢？但，这样的上司实在是天下难找啊！

事实上，上司为任何人加薪，都不是毫无根据的。上司管理公司，管理企业，他为什么要用你，用你就是为公司或企业创造效益。如果你做不出成绩来，你想，上司会为你加薪吗？当然是不会的！从某种程度上来说，那些滥施同情心的上司，也不一定是一个好上司！

## 你的价值配得上“加薪”吗?

对于职场三十的人来说，在要求上司为你加薪之前，你首先要弄清楚自己的价值有多大。因此，你有必要通过各种方法来衡量你的价值：

1. 工资标杆

这里你要做的评估是如何把你的工资与市场平均工资做比较。你的工资与组织中同你处于相似地位人的相同吗？与外单位和你处于相似地位人的相比结果又怎样？

2. 可取代性

这要求你回答：你们公司寻找另外的人取代你的难易程度如何？是否任何一个取代者都可以把工作做得同你一样好？

3. 直接价值

直接价值即你为你为公司创造了多少效益？譬如你靠销售为公司创造了多少财富；你在扩大销售额方面有多少贡献；你在生产方面提高了效率和生产率；或者通过改进设备、作业方法和作业程序的办法来降低成本。

4. 绩效

你的工作一定有制定的目标和指标，你达到甚至超过规定的目标和指标了吗？如果你的工资处于一般标准，而你的业绩超过了一般标准，你应该得到更多的工资。

5. 团队价值

任何一个公司的运作都需要有一个好的团队配合，这是上司最需要的。你正在帮助上司实现这个目标吗？如果你与其他人（部门内外的人）相处融洽，你是个受欢迎的人，是个积极的人，并且能鼓励别人更好地工作，你就是有价值的。假如你是一个团队的基层管理者，你的上司希望知道你是公正的，你很受人尊敬并且能激励你的团队成员。

**加薪的想法对同事千万要守口如瓶！**

要是你的上司发现了你的动向，他们将会采取防御措施。总之，在上司的预算中只有有限的机动范围，要是你的同事受到鼓动也要求加薪的话，到头来你会发现分摊到你头上的好处减少了！

**专家提示**

有了加薪的要求和想法，你可以主动地向上司提出来，但切记不要轻易对你的同事说。除非你确定你可以信任某个同事，否则最好不要泄漏你打算要求加薪这件事（除非你决定采用联名提出申请的办法）。

**职场物语**

要求上司为你加薪，你必须要让上司看到你的成绩。否则免谈！

# 何时提出加薪的要求?

俗话说:“做得早不如做得巧”,对于提出加薪的要求也要掌握好最佳的时机。和上司谈薪有许多细节,其中掌握最佳的时机很重要。那么,你应如何把握向上司提出加薪的时机呢?

## 选择时机提出你的要求

在适当的时间还是在错误的时间请求加薪,时机不同对你能否得到加薪的影响也不同。所以很明显,恰当安排时间是关键。你需要根据业务年限以及你和上司的日程安排来正确判断时间。如果你希望获得最好的成功前景,你可能需要等上几个月才能提出请求。为了进一步计划,有两个关键因素应该对你的时间安排有影响:

1. 工资审查

到年度(或半年)工资审查结束的时候,上司已经对谁应该得到什么有了决定。而且,他们也已经对这些数据作了预算。所以,如果你在事后提出请求并且想试图改变现状,你可能会受到漠不关心的对待。假如你在工资审查前的几个月,在上司开始考虑工资和预算的时候就接近他们,你会获得一个非常好的加薪机会。

2. 公司绩效

要是你正准备要求加薪——或要求增加任何其他的报酬——你一定要关注

你们公司的绩效情况，挑选一个利润上升、所有事情都顺利的时间。有些公司处于稳步增长时期，不过你仍然可以趁着最好时机提出请求。有些公司则长期处于奋斗之中，假如它们处于崩溃的边缘，你加薪的机会微乎其微。但是，如果它们能一直坚持生存下去，你应该有获得适度加薪的可能，前提是你确实具备加薪的条件，而且只要你挑选的请求加薪的时机比较好。

### 找到一个合适的时间

向上司提出加薪的要求，选择合适的时间非常重要，这里提醒大家要牢记一件事，那就是：

上司在轻松和感觉良好的时候比在紧张状态和情绪低落的时候更有可能同意见面。

因此，你必须判断上司的情绪状态并相应挑选自己的时间。

这里为大家提供几个会面的好时机：

◆ 你刚刚取得一次很大的成功的时候；

◆ 上司有相对清静的一天的时候；

◆ 当公司的业绩令人满意的时候——也许你知道星期一将公布良好的季度结果，或者将要制定下一次很有影响的销售计划；

◆ 上司可能情绪良好时一一部门取得了好成绩，也可能是团队人员不足的压力得到了缓解等情况；

◆ 一天的某些时间或一周的某些天，当上司通常处于情绪良好、放松的时候。

### 安排一次正式的会面

向上司提出加薪的要求，你可能希望把整件事情安排成一次非正式的闲谈，或者午后的喝茶。但事实上把它安排成一次正式的会面要好得多，这种比较专业的形式可以为你带来几个优势：

◆ 表明你对这件事是认真的——你不是因为“值得一试”才提出要求的。

◆ 给你一次向上司正式表白自己的机会，你可以仔细地把你的优点列举出来。在一个嘈杂的酒吧和任何一个让人感觉不舒服的非正式的场合，这样做可能会相当困难。

◆ 一次正式的会面应该意味着关上门，关上手机，避免打扰——这样非常有助于上司把注意力集中在主题上。

◆ 上司会为一次正式的会面预留时间，但他们可能不会为一次非正式的闲谈预留时间。这表示他们不应该不停地看表，盼望着离开去参加他们的下一个约会。

◆ 一次正式的会面给你一个借口，让你能够把关键点草草记下来，并且日后可以复制一份给你的上司（到小饭馆吃午饭你就很难有记下要点这样的实践）。

职场物语

在上司轻松并且情绪良好的时候和公司的运转良好这两种情况下，你挑选一个时间与上司面谈，就这么做。

# 怎样进行一次成功的谈判？

在找到一个和上司谈判加薪的良机后，你可能就要坐下来进行一次“艰苦”的谈判之旅了！也有可能你的上司比较好说话，但在加薪的原则问题上，不要指望上司随随便便就放弃了。因此，你就需要掌握一些和上司谈判的原则和技巧。

## 让上司成为最后的胜利者

乍一听，让你的上司成为最后的胜利者，这不等于谈判的破裂，你的加薪要求泡汤了吗？其实并不是这个意思！

让上司成为谈判最后的胜利者，实乃一个高明之举！你可以这样来做：

你需要在一开始就要求合理的加薪水平——但是必须要求一个你能够辩解的最高的加薪量。那样的话，你就可以经受得住被击败。假定你确实认为自己值得给予7%的工资增长率，但你可以提出一个正当的理由要求增长率为10%。所以，你的方法很简单：你要求增长率为10%，你让步到7%。你实际得到了你一直想要的东西，并且上司认为他们已经迫使你把要价压低了3%——他们也感觉自己是个赢家。这就实现了所谓的“双赢谈判”。

## 清楚自己的底线

前面我们提到，谈薪的结果一定要让上司以感觉自己像一个胜利者为结束。然而，你怎么样呢？在你表现出自己像一个失败者之前，你打算让上司把你击败到什么程度？在进入谈判之前，你必须要知道你预备接受的最小数目是多少。也就是说，你要确定你和上司谈薪的底线。至于你的底线是多少，这完全由你自己决定。也许，你的个人花费增加了，你必须要获得一个可以满足这些花费的最小的加薪量。也有可能，你只是觉得不愿为一家不想承认你的价值的公司工作，你要以加薪的方式让上司承认你价值。

值得注意的是，在你和上司谈薪的过程中，不管你怎么做，都不要泄漏你的底线数字。如果上司知道了你的底线数字，他们不把你打到那个位置决不罢休！

**专家提示** 在谈薪过程中，你必须要坚持你的谈薪的底线，否则，谈判的意义就不大。

## 找到技巧好“谈薪”

成功地让上司为你加薪的方法和技巧有很多，把它们归拢起来，大概有下面6条：

### 1. 谈判的同时表达忠诚

你的目的是加薪，而不是走人，所以无论谈判成不成功，都要含蓄地表达出对企业的忠诚，不要用辞职来威胁上司，除非你的确已经找好了下家。

### 2. 采用迂回战术

如果没有勇气直接找上司谈判，不妨采用迂回战术。比如巧妙地将猎头公司正以双倍薪水挖你的消息送进上司耳朵。

### 3. 直接表达你的愿望

要开门见山，忌拐弯抹角，表达愿望要明确。既然决定提了，就不要思前想后，犹豫不决，用最直接，最明白的方式表达你的想法。

4. 不要只准备“加薪”一条要求

万一加薪要求被拒，可请求把加薪转化为职业发展机会。例如培训、转到更适合自己的工作岗位上，或者要求参与较大的项目等。

5. 避开加薪量的敏感数字

如果工资基数高的话，在谈加薪时最好谈百分比。如果工资额不大的话，可以谈加薪的具体数额。

## 谈“薪”不成就谈心

和上司“谈薪”，无非两种结果：成或不成。假如你鼓足勇气去和上司谈加薪，却遭拒绝，你该怎么办呢？你会选择垂头丧气地“就此罢休”呢？还是会愤然辞职？

其实，以上的方法都是下下之策！千万别轻易地就做出那样的傻事！比较好的做法就是：假如谈“薪”不成，你还可以试着和上司谈谈心嘛！或许你会获益匪浅。例如：

当你做了一番充足的谈“薪”准备走进上司的办公室。上司在听完了你坦然的理由陈述之后，表示暂时不能满足你的要求时，你不妨诚恳地问他：“那么，可以告诉我您不能给我加薪的理由吗？我很想知道您觉得我在哪些方面还做得不够好。”上司听完后，可能会说出他的理由：“一是你虽努力效率却不太高，二是不善于沟通协作。”这样经过一番促膝长谈后，你就可以全面了解自己工作的不足。上司也可能说出他对你的看法：“小伙子，你工作很扎实，我非常欣赏，但我更欣赏会主动和我谈工作感受的下属，希望你以后能经常和我做这样的沟通！”

事实上，倘若你能经常和上司多谈心，并不断按照上司的建议改进你的工作，相信你离加薪的日子也就不会太远了！

职场物语

一次成功的加薪谈判，要让上司同意你的加薪要求，更要让上司明明白白你的心。

# 如何向老板要求更多的福利？

福利是公司或企业为了保留和激励员工而采用的非现金形式的报酬，其形式包括保险、实物、股票期权、培训、带薪假等等。福利的多少，往往也是衡量员工价值的一个很重要的标准。

## 善借加薪“东风”谈福利

对于职场三十的人来说，从公司或企业得到应有的福利也是不可缺少的，它甚至和工资同等的重要！

尽管一般不把福利放到工资考察里面（从你自身的角度考虑），但是，如果你的上司由于资金紧张的缘故，付给你的薪酬比你要求的少很多，这时，你可能就想回过来要求一些额外的福利。如果上司确实认为你值得给予加薪，只是目前不能够这样做，这种情况下，如果他们可以用非资金的形式回报你，要说服他们给你一些你想要的补偿不用费太大功夫。至少可以在一个短时期内给你补偿。拮据的预算并不妨碍他们增加你的休假权利，也不影响给你提供一间大一点儿的办公室，或者允许你享受弹性工作时间。

## 把福利当成你真正的需求

正如前面我们所看到的，要求加薪获得成功的关键在于展示你具有值得加薪的价值。而当公司提供给你非资金形式的额外福利时，你同样需要证明你值得被给予这些福利。你必须提出一个使人信服的理由，说明这种额外福利会以某种方式使你的公司受益。这样上司可能就会同意你增加福利的要求。所以，得到额外福利的技巧就是，不要把它们当作福利，而是把它们当成真正的需求。譬如说：

弹性工作时间。在早晨你的工作效率最高，如果你8点钟来办公室（4点离开），你的工作效率会提高——如果你运用这个论点，你最好证明这是真实情况。

体面的办公室。你常在上班时间会见客户，有了一间更加体面的办公室，你的可信度也会随之提高。客户们会觉得他们在和一个有实力的人做生意，简陋的办公室会对客户造成一定的伤害。

在家工作。在家工作，你的生产率会提高。并且，你的公司可以节省一些管理费用，连办公室的办公桌都可以省掉。

更多地参与办公室以外的活动。例如参加一个贸易展览会或是洽谈会，这样你可以更多地学习公司业务的其他方面，会见更多的顾客，这样的经历将会使你对公司更具价值。

## 让你自己变得特殊一些

当你提出提高福利待遇时，你的上司或许会提出反对的理由：“如果我同意你的要求，那么每个人都会效仿你。”与加薪情况相同，你的上司相当害怕

| 老板反对加薪的理由 | 员工提出加薪的条件 |
| --- | --- |
| 如果我同意你的要求，那么每个人都会效仿你。 | 我是最棒的 |

其他员工如潮水般涌进办公室，全部要求与你同等的待遇。因此，就像加薪一样，你必须向上司提供一个其他员工没有的借口。

当然，某些情况下，上司可能不需要借口。也许其他人没有谁会想要弹性工作时间，也有可能，你的多数同事每周已经有两天的在家工作时间了。或许其他同事已经有了足够体面的办公室，或者，你的工作同他们多数人的工作没有可比性。所以，其他人没有机会要求与你平等。

但是，当你的上司听到你提出要把你的办公室装修的体面一些，他总是需要时间考虑。他会在脑海里快速想象着地上堆着大堆的装饰材料，成群的人把精力用在室内装饰材料的样品上。所以，你最好有一个非常好的需要装饰办公室的理由，而且这个理由是你独有的：

◆ 也许，你是唯一一个经常带客户来办公室的人；

◆ 也许你的办公室错过了上次的大楼整修；

◆ 也许你的办公室需要更明亮；

◆ 或者，虽然它是一间大办公室，你可以提议再把它加大一倍，而作为一个公共的会议室。

找一个让上司为你增加福利的特殊的理由其实不难，只要有明智的想法就可以了！

### 不要以一种乞求的口吻要求福利

当你要求正当的额外福利时，你完全没有必要感到害羞或尴尬，你也是在帮上司的忙——如果这些福利能以某种方式让公司受益——或者，你正在要求

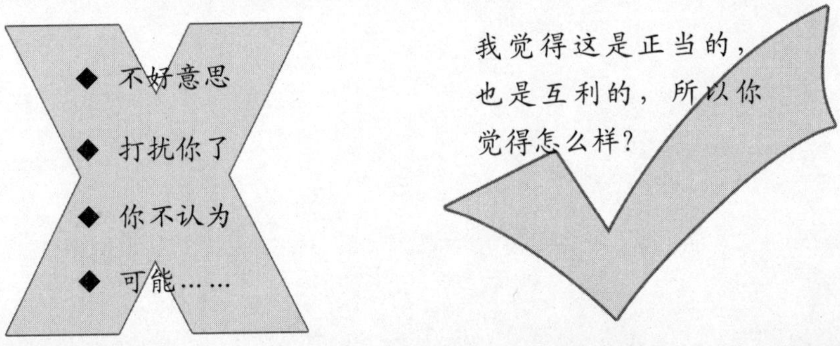

一个完全合理的特殊待遇，这个待遇是你需要的，你也值得被给予。因此，不需要谦恭，“不好意思，打扰你了，你不认为，可能……”应该这样，“我觉得这是正当的，也是互利的，所以你觉得怎么样？”

职场物语

其实，福利就是薪水的物质形式。要求上司给你增加福利，要像要求上司为你加薪一样，努力地去争取。

# 怎样让“晋升”的机会落在自己的头上？

克里斯：“你好！妈妈，公司今天给我升了职！”

妈妈：“太棒了！我们以后可以多花一些钱了！”

克里斯沉默了一会儿，回答说：“嗯，确切地说我没有多拿到钱。但是他们确实多给我配了几把钥匙。”

与加薪一样，晋升也是消除职场三十“年龄恐慌”的最佳途径之一。晋升，是每个浑身于职场的人都希望得到的东西，因为你通过晋升可以使自己获得更高的声誉，更高的地位，更多的薪水，更多的职权，可以控制和驾御更多的人和事。因此，对于职场三十的人来说，晋升，非常值得你去好好的“钻营”一番！

# 为什么晋升的机会与我擦肩而过?

职场三十的人经常会有如此疑问:公司里有几个职位虚位以待,自己是候选人之一。可是最终晋升却没有自己的份,甚至比自己晚进公司的人都获得了提升。如果这样的事情发生在你身上,你应该好好反省自己了——你是不是走入了晋升的误区,或是个人素质妨碍了你的晋升。

## 想当然的想法会害了你

你为什么获得不了晋升,很多时候,正是由于你想当然的想法害了你:

1.人们应当知道我是名勤奋工作的员工

很多职场三十的人在公司任劳任怨,勤奋工作,就是盼望着有一天上司会看到自己的努力,提拔重用自己。然而,事实却是,做一名勤奋工作的员工并不意味着你就一定可以获得应有的回报,或许你的努力上司没有看见或是不太注意。

2.上司当然知道我想升迁

你不说出来,上司怎么会知道你的想法呢?花一些时间构思改进工作的计划,找机会跟上司会面,陈述你的目标。这样做对你很有帮助的!

3.同事是我最好的朋友,他或她不会和我竞争新职位

事情并不如你所想——如果新职位的报酬比目前提高了10~20%,人们通

常就会去竞争它。记住，办公室可不是咖啡馆，公事总是排在友谊之前。

### 职场上升潜力不足

事实上，公司提拔重用一个人，很大程度上要看这个人的工作潜力如何。一个人的工作潜力大，就意味着他能为公司做出更大的贡献，这当然是公司真正需要的。

有工作潜力的人，是最具有职场魅力的人，也是最具有成功希望的人。

一个人的工作潜力包括人际关系沟通潜力、学习能力潜力，等等。我们来看一则例子：

在某公司做了10多年财会工作的何琳连年获得公司优秀员工称号，是部门经理的热门人选，可最后公司高层却没有任命她，而是从外头招聘了一个善于计算机操作，说得一口流利外语的“外人”。其实，这并不是领导对小琳有什么不满，领导早就想栽培她，多年来几次提出送她去进修，可她却以工作忙并有家庭拖累为由婉拒了领导的美意。由于不及时给自己“充电”，知识日趋老化，难以应对新的挑战，自己的位置也只能“原地踏步”了。

当今社会，随着科技的发展和时代的进步，会不断出现新知识、新技能，需要我们不断地“充电”，以及吸收有利于自己的知识，才能使自己适应形势的发展，立于不败之地，在不断创造出效益的同时，还可增加自己在职场上的砝码，让自己拥有更多的升职机会。

### 个人性格缺损

对于职场三十的人来说，你迟迟得不到晋升，除了一些客观的原因外，你有没有认真反思过自己本身存在着哪些不足之处呢？让我们来看看以下几种情况：

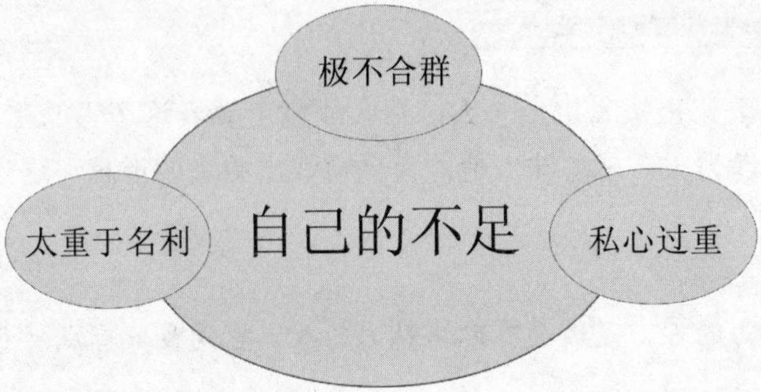


1. 极不合群

林龙在他们出版社里里外外都是个公认的能人，他负责的几套丛书为出版社带来了双重效益，书商们也常常找人游说他帮着做些选题策划，并给予丰厚的报酬。按常理来说，他的资历和能力早该得到提升了，可他至今还是个普通编辑。在他眼里，社里平庸之辈太多了，张三李四都成了他评说的对象，就连社长他也不放在眼里。于是一到考核之时，同事们都说他不好共事，并表示自己不会到他所负责的部门工作，于是他成了“孤家寡人”。而领导们一谈论到他，也是无可奈何地说：“可惜个性太强了！”因为他的个性，他在众人眼里成了一个处处与人过不去的“反对派”，被公认为一个有工作能力却不懂得与“群众”沟通的人。可想而知他想要晋升已经是不可能了，因为有谁还敢对他委以重任呢。

以下的一些行为也同样值得注意：爱对同事发脾气，喜欢成天抱怨，或是过于独断独行等。这种性格缺损症，对你自己来说只是个性的问题，可在职场上，却是阻断你升职的障碍。

2. 私心过重

思佳在杂志社里算得上是个拔尖人物。不久前杂志社争取了个刊号，要再办一本财经类杂志，物色主编时，思佳是最热门的人选了。可在开会讨论时，几位领导都心存疑虑，因为大家都知道思佳私心太重，不仅频频地与其他同事明争暗斗，还在暗地里收取“好处”。而新创刊的杂志潜藏着巨大的商机，版面有很多可利用的地方，如果私心过重，很容易在操作过程中牟取私利。基于这种顾虑，领导最后任命另一位编辑为主编，思佳一气之下只有一走了之！

由于私心过重的人往往会损害集体的利益，并影响职场上人际关系的和谐，甚至会产生腐败行为，因而这类人很难得到领导的提拔。

3．太重于名利

何阳供职的广告公司是集创意、运作为一体的一家大公司，每次由她呕心沥血写成的广告策划，交到经理孙女士手里后，策划人就变成她和孙女士两人的。她实在气愤不过，与孙女士发生了好几次摩擦，因此受到压制，难有出头之日。

在职场上，太注重名利的人，通常是不受欢迎的人，因此也很难获得晋升的机会！

职场物语

晋升的机会不会轻易地就落到你的头上，你自身必须要具备炼就晋升的条件和功力。这是最基本的。

# 野心是必须的吗?

对于职场三十的来说，能获得升职或是晋升到更高的位置，是每一个人都梦寐以求的！在每一个人的心中，这颗“野心”永远不会熄灭！

## “野心”是晋升的一种动力

有句俗语这样说：“退一步海阔天空”，意思是说做事情有时不能太强求，要懂得退让。但是就职场来说，这却不一定合适。我们会看到，一些人从进入职场开始就处处退让，结果从年少时的意气风发，一步步退到了庸庸碌碌的职场底线，面对激烈的竞争“手足失措”，甚至被淘汰出局、徒唤无奈……

所以，对于职场人来说，你就得要有一种不甘平庸，力争上游的劲头。

也就是说，要对职业、对工作抱有一颗“野心”。“野心”，其实就是一种敢拼敢闯的动力，是内心焕发出来的生命力！

在如今的职场，从来不缺乏机会，而缺乏的是意识，“野心”就是一种非常重要的意识。作为职场中的你，是否有野心去改变现状，去争取做最好的自己，往往决定你在职场会取得多大的成功。如果你是一个有信心、有理想的人，那么，在职场中多点“野心”，你一定可以获得更多“出乎意料”的机会！

## 适时地向上司表达自己的“野心”

倘若你有一颗职场“野心”，那么，你一定要说出来！要懂得适时地对你的上司表达自己的“野心”，因为你不说上司就不可能知道。有这样一则案例：

周萍是某保险公司部门主管。一次，公司总经理来分公司主持会议。为了鼓舞大家的工作热情，总经理让与会人员各自当众说出自己的梦想。轮到周萍时，她不知道哪里来的勇气，实话实说：“我希望当上部门经理，成为管理者。”令周萍没想到的是，总经理并没有责怪她的权力欲，而是脸色和善、笑容可掬，还当众宣布：“不想当将军的兵不是好兵，我们保险行业的员工就需要这样的野心。”结果，就在这次会议结束后，总经理便通知周萍去另一个分区担任经理一职。

值得注意的是，要想快速升职，适当的升职“野心”是必要的。对于未来要抱有良好的愿景，只要可能，都不妨尝试，这样才能更好地发展自己。但要把这种“野心”放在道德和法律的规定范围内，懂得控制自己。不能以挖别人墙脚为前提，或者损人利己。

悟 小故事中的大感悟

齐勃瓦出生在美国乡村，只接受过很短的学校教育。但每时每刻他都在寻找晋升的机会。机会总是垂青那些有准备的人，在他做了3年马夫之后，齐勃瓦终于来到钢铁大王卡内基所属的一个建筑工地打工。

在外人看来，他只是一个进城的农民工，但是，自从进入建筑工地那一天起，齐勃瓦就没有把自己定位在一个农民工，他暗自下定决心，一定要好好做事，就像钢铁大王卡内基那样，做同事中最优秀的人。所以，其他人都在抱怨工作辛苦、薪水低，而齐勃瓦却为了把工作做得更好，谋求升职，边勤奋工作，一边自学一些建筑方面的知识。那些打工者中也有人讽刺挖苦齐勃瓦。但是他回答说：“我不仅仅是在为公司打工，更不单纯是为了赚钱，也不只是为了自己在工作。我把自己当做公司的主人，我们只有努力工作才能获得发展的机遇。”

晚上吃过饭以后，工友们往往在一起闲聊或打扑克。此时的齐勃瓦躲在角落里看书。有一天，公司的经理看到了这一切。第二天，经理把齐勃瓦叫到办公室问:“别人都在玩，你学那些东西干什么?”齐勃瓦不慌不忙地回答说:“我只是想把工作做得更好，像卡内基先生那样，尽自己最大的努力做好自己的事情。”经理点了点头。

不久，齐勃瓦由于工作极其出色被破格升任为技师。正是抱定了坚定的升职野心，他工作努力，刻苦钻研，系统掌握了技术知识。也正是在不变的升职野心的指导之下，齐勃瓦一步一步升到了总工程师的职位上。25 岁那年，齐勃瓦终于做了这家建筑公司的总经理。

### 职场物语

“野心”是你职场成功必不可少的重要素质之一。很多成功的职场人都曾经豪言“我要怎么怎么样”，结果他就真的成功了。

# 如何成为晋升的“幸运儿”？

在一个公司或企业，可供晋升的职位毕竟有限，有时一个职位有几个甚至几十个人在竞争，最终能幸运获得晋升的只有一个人。这就在一定程度上体现了竞争的激烈性和残酷性，增加了很多的变数和不确定性。这个幸运的人到底是不是你，谁都难以确定。

那么，如何使自己在众多的竞争者中脱颖而出，成为最终的“幸运儿”呢？这就要看你自己如何去做了。

## 测一测你的职场升职指数

你是不是很想知道，自己在公司里的升职可能性有多少？下面是某职业生涯规划专家设计的一套自测题，能帮你测测一下自己的升职指数。

好，现在测试开始，请看清题意后马上作答。

1. 与周围的同事们想比，你在公司的资历是否算是比较深？

A.我想我在公司算是元老级的人物了

B.我工作有段时间了，不过在我上面还有不少老员工

C.我才刚刚进公司不久

2. 领导经常在同事们面前表扬你的工作表现吗？

A.领导经常表扬我

B.我认为自己工作能力还是不错的，但是领导怎么想我不知道

C.很少，几乎没有过

3. 你以前是否与上司拌过嘴，较过真？

A.从没有，我认为就算意见不和，我也绝对会给上司台阶下

B.有过那么两三次，但是事后我都道歉了

C.上司有很多事情一点都不懂，当然要说服他

4. 你在办公室和同事关系怎么样？

A.我属于“百搭”类型，呵呵

B.和同事保持不远不近的距离最好

C.我根本就看不起那些同事，一般我们互不搭理

5. 现在你所从事的行业发展情况怎么样？

A.我们这个行业现在正是发展黄金时期，公司吸收了很多新人

B.和以前好像没什么两样

C.感觉现在这个行业有些萎缩了

6. 有没有猎头公司找过你？

A.我的能力在业界也算有名的，有很多猎头企图挖我

B.曾经做过一些成功的案例，但是猎头还没找过我

C.从来没有过这样的奢望

7. 你有跳槽的习惯吗？

A.我一直到现在都为这家公司服务

B.我是跳槽来这里的

C.我已经跳了好多次槽了

8. 最近公司内部是否要进行一些人事调整？

A.是，要进行一些内部调整

B.不太清楚，只是好像有这样的风声

C.根本和我无关嘛

9. 你处理失败的能力如何？

A.我虽然有过几次失败，但我都能够很好的处理，收拾我的烂摊子

B.我从来没失败过

C.让别人处理吧

10. 你最近是否刚升过职？

A.一二年前

B.是

C.从来没有

根据你的得分相加，选A得5分，选B得3分，选C得1分

好了，看一下你的测试结果吧：

10～17分：朋友，你呢，就好像是个升职绝缘体，如果不做些巨大的改变，可能很长时间内甚至永远都不会升职；

18～34分：你呢，属于那种碰到到职场天花板的人，近期内应该不会有大的升迁；

35～50分：恭喜，你就属于那种升职大热门了，估计办公室里面下一个升职的很可能就是你了。

## 晋升需多多检点自己

对于职场三十的人来说，在向着晋升目标努力迈进的过程中，你需要不时地检视自己，以免职场晋升道路横生波折。

1. 摆正心态

你的心态决定了你做事情的方式。比如你认为自己生来就是适合做领导，适合做大事情，你可能就会对现状存在着诸多的不满，一心只想着晋升做领导的事情。喜欢寻求晋升的捷径，一些本该做好的事情不愿做或者根本就做不好，给领导留下好大喜功的坏印象。

如果你的心态比较平和，认为付出总会有回报，晋升是付出之后的必然

所得，那么你做起事情来可能就比较务实，比较扎实。就能从点滴做起，从小事情做起，每一步都会走得很扎实，从而也能不断地积累一些知识、技能和经验，逐渐得到领导的赏识，做些超越的工作，获得锻炼。

这样，你的晋升也许只是个时间的问题。所以，心态非常重要，在工作应该不断地摆正自己的心态，使自己的发展和提升成为自然的事情。

1. 摆正心态

2. 少说多做

3. 与众不同

4. 善于处理人际关系

5. 帮助上司提高绩效

6. 勇于毛遂自荐

多多检点自己

专家提示

职场喜欢与众不同的人，如果在一个岗位上有两个会一样技能的人，那么其中有一个就是多余的，就是要被淘汰的。

2. 少说多做

说话与做事是成反比的，你说的越多就做的越少，反之，你说的越少，做的就越多。能力是通过做事情体现出来的。光说不练，你也许会得到人们的喜欢，但容易给人们形成语言的巨人，行动的矮子的感觉。领导决定晋升决策的时候更多的还要看你的工作业绩，看你做了哪些事情，做好了哪些事情。

所以，要想尽快获得晋升，你必须从现在开始行动起来，去做事情，去用实际的行动和真实的业绩赢得领导的赏识。

3.与众不同

现在的职场竞争非常激烈，一无所长的人即使你再努力再肯干，也很难获得晋升和赏识，因为你能做到的别人也同样可以做到，晋升的机会没有理由会青睐一个一无所长的人。

很多人认为自己的上司什么都不会都不懂，简直就是个白痴，不明白为什么让一个什么都不懂的人当领导。其实，你千万别把自己的上司当傻子，即使你的上司在你看来什么也不会，但就他处理人际关系这个方面，也许你需要学上几年。能做领导的人一定有他的过人之处，只是你没有发现或者发现不了而已。所以，做的与众不同也是促你成为职场领袖的一个关键因素。

4.善于处理人际关系

职场是一个组织，是由人组成的，因此，人际关系的处理显得非常重要。

人际关系被许多成功人士奉为人生的一笔财富，它甚至比你所拥有的物质财富都要重要上许多倍，因为它可以帮助你去获得那些东西，帮助你成功。许多职场不甚如意的人多在人际关系上吃了亏，摔了跟头。人际关系处理不好，可以说是寸步难行，处处设卡。同样，人际关系处理好了，你就拥有了厚实的群众基础，拥有了驾驭部门员工的能力和技巧，你的上司就可以放心把晋升的职位给你了。

5.帮助上司提高绩效

实践表明，获得上司赏识和信任的最重要的一点是帮助你的上司完成工作。上司的工作都是通过下属来完成的，下属完成的好坏决定了他的业绩的好坏。下属工作完成的好说明上司领导的好，他可以在他的上司那里获得认可和肯定；完成的不好，则你的上司可能要在他的上司那里受到批评。

你所能做的就是帮助你自己完成他的计划和目标，而不是一味的讨好奉承，讨好奉承只能将你和你的上司往坏的方向引导，也许等不到你的晋升，你和你的上司就要被调职或解雇了。实际上，领导也不会放心让一个只会奉承的人当自己的助手。

因此，你一定要尽可能地帮助你的上司完成工作，与上司一起进步。这样，你离晋升的机会就不远了。

6. 勇于毛遂自荐

一个好的下属只会提建议是不够的，你有责任以自己的成就、才干、技能和潜力来吸引上司的注意。因此，只要自己有能力，你可以大胆自荐，这样上司或老板不会小看你。除非你确实知道自己力所不及，否则，就应该乐意去承担更多的责任，相信自己会得心应手。

## 突破晋升“包围圈”

职务晋升，就犹如在一个障碍重重的“包围圈”中厮杀一般，你要突出重围，就必须要找到突破口：

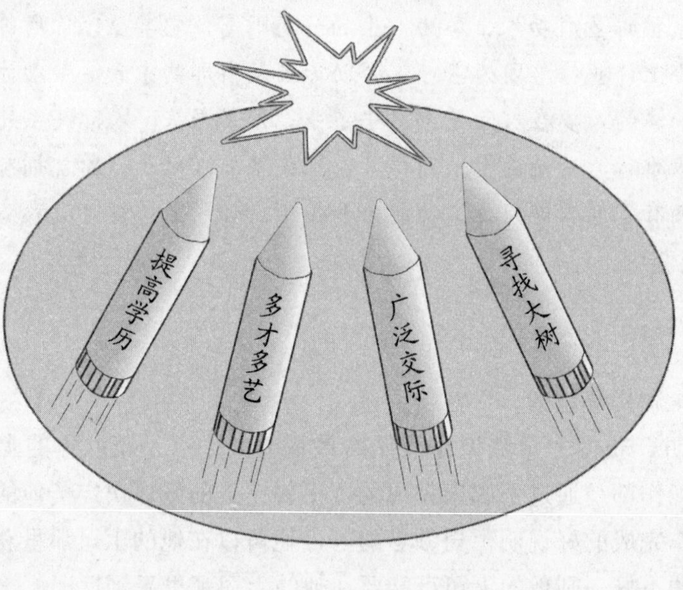


1. 提高学历

如果常规性升职无望，你不妨在学历上找到突破口，达到上升渠道职位的学历要求。在公司的职位出现空缺时，如果符合岗位的学历要求，加之你在公司的工作经历，公司方面自然会对你重点考虑。即使是你离开了公司，重新选择公司、希望获取好职位时，学历的因素同样重要。学历是各家公司入职的敲门砖，学历低时，会失去很多岗位的应聘资格；同样的，在应聘人能力相当的情况下，招聘公司会优先考虑学历高的候选人。

2. 多才多艺

当你在公司上升渠道不通畅时，应考虑在公司内部的岗位实现横向调换，设法获得跨部门跨岗位工作经验。当你已经具备多部门工作能力，你在公司里就会拥有比他人更多的晋升机会。当今社会越来越重视使用综合型复合人才，多才多艺始终是获得事业发展的最佳选择。

3. 广泛交际

当你在公司内部晋升的可能性不大时，可以多结交一些社会人士，对你是有极大帮助的。当业界出现一些好的职位空缺时，你会很容易得到朋友的推荐和帮助，获得自己在公司内部无法实现的职位跨越。

4. 寻找大树

在一家组织成熟、结构完善的企业里，除非发生意外变故，正常情况下是不存在晋升的职位空缺的。当你找不到晋升的良机时，可以始终跟定一个上司，等待机会。作为上司，他的机会往往很多，当他的事业出现变化时，你的事业也会跟着出现转机。寻找一棵能够让你发挥能力的大树，始终是职业场晋升的关键。

职场物语

经常检点自己，省察自己，不断修正自己，懂得经营自己，你的晋升指日可待！

# 有没有必要给上司送礼?

古人说“千里送鹅毛，礼轻情义重”。中国自古就是礼仪之邦，传统上很注重礼尚往来，送礼已成了最能传情达意的一种沟通方式。在现实情况下，给上司送礼，是打通晋升关节屡试不爽的有效手段。

## 送礼真的难以启齿吗?

在职场中，有这样一种现象：

人一踏进职场，就要送礼，有人把它归结为送礼三步曲：第一曲，叫做“原始积累期”，就是说，这时候要千方百计地挣钱。等挣够了一定的钱，就要开始下一步了，那就是第二曲，叫做“风险投资期”。就是说当挣够了一定的钱时，就要开始踏上跑官之程，有事没事往上司家里跑，有事没事给上司送东西，大事小事给上司送礼金。你不能怕花钱，更不能怕白花钱，这也是商业运作，没有高风险就没有高回报。你看看说的多到位，如果你提升了，有了一定的权利和权力，那你就可以进入第三步曲了，这第三步叫做“回报盈利期”。就是说在你的权力和权利的运作之下，你不但可以收回前期投资的成本，还可以有所盈利，这叫做第一步，这第一步的“回报盈利期”，也是下一步的“原始积累期”，第二步的“风险投资期”得换个词，叫做“扩大再生产投资期”。有了这三步曲的良性大循环，你就不用怕职位升不上去了。

给领导送礼，这可能是对目前权力腐败的一种嘲讽！想必有很多人对此也是不屑一顾的！这我们姑且不论，但给上司送礼自古以来就不是什么秘密。说白了上司也是人，人在职场难免需要上司经常提携帮助。在职场生活中，正是因为有了上司的帮助，我们才能不断地成熟起来。相应地，我们就有了适当回报的心情，这也是人之常情嘛！给上司送礼加强感情沟通，事实上与诚实、正直、勤劳、与人为善的人品并不冲突！

给上司送礼，加深一下感情，关键时刻上司自然就会想到你，为你多说话。这样，你的才能才不至于在默默无闻中被埋没。

### 送礼要送出品位来

给上司送礼，并不见得越贵重越好，关键是要看给上司送礼抱的是什么目的，怎样才能使送礼变成一门艺术：上司不尴尬，没有造成压力；你自己既表达了心情，又得到了上司的重视，实现了你送礼的目的，这是很有讲究的。

对于送礼这门艺术来讲，品位是非常重要的。人们送礼时有一个习惯性的心理，自己认为好的往往也认为上司会喜爱，但人的情性不同，自己喜爱的别人不一定喜爱。有的人认为送钱好，这要看你送给谁，送多少钱；有的认为送东西好。总之，无论送什么都必须从实际出发，从上司的心理特点出发，有针对性地送。

某君遇到一件关系自己前途命运的大事，想求助于一位官员，多次求见均被拒之门外，彩电、冰箱、现金，此官员一概不收，可谓廉洁之极，实在是毫无办法。

某君不甘心，打听到这位官员的夫人极有艺术品位，酷爱丹青，特别喜欢齐白石的“虾图”，他便设法求购了一幅齐白石真迹，呈献于官员的夫人。夫人得此珍品，十分高兴，爱不释手，竟称：“我这一辈子能得此画，真是不枉来人世一场啊！”夫人高兴，向官员求情，官员怜爱娇妻，破例为某君从中安排。某君目的终于达到。

给上司的夫人送礼，其实就是给上司送礼，这谁都明白，但效果却是不一样的，往往比直接送给上司效果要好。当你把礼品送给要送的人时，不妨和她一起欣赏，借机会赞扬她的品位和眼光。等到她高兴的时候，再适时地和上司聊上几句。要记住，和上司聊天，最好谈工作，谈自己对工作的想法，让上司感到你对他说的都是真心话。

## 送的好还要送的巧

送礼送得好、送得巧，真不是一件容易的事，往往需要你费一番心思——挑选什么样的礼品，通过什么样的途径送，怎样“堂而皇之”地送，这里面大有学问，也是非常有技巧性的。这里为大家奉献几个送礼的绝招，以资借鉴：

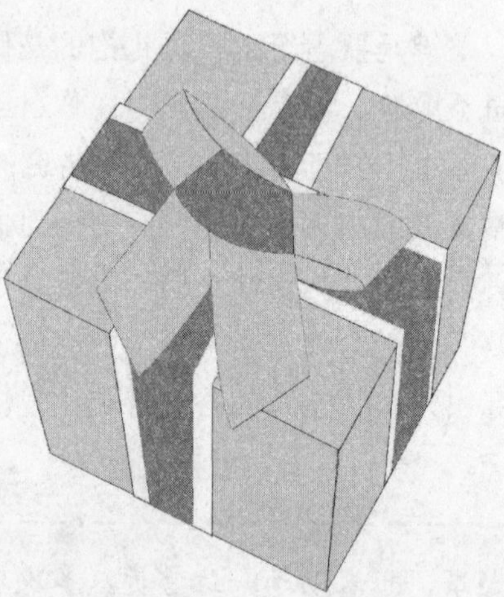

1. 借花献佛　　2. 暗渡陈仓

3. 移花接木

4. 先说是借　　5. 借机生蛋

6. 借路搭桥

1. 借花献佛

如果你送上司的是土特产品，可以说是老家来人捎来的，分一些给上司尝尝鲜，东西不多，自己又没花钱，不是特意买的。请他收下，一般来说上司那种因害怕你目的性太强的拒礼心态可望缓和，会收下你的礼物。

2. 暗渡陈仓

如果你送上司的是酒一类的东西，不妨假借说是别人送你两瓶酒，来和上司对饮共酌，这样喝一瓶送一瓶，礼送了，关系也近了，还不露痕迹，岂不妙哉！

3. 移花接木

如果你有事要托上司去办，想送点礼物疏通一下，又怕上司拒绝，驳了自己的面子。你不妨试试我们前面所提的“夫人外交”，这样礼也收了，事也办了，两全其美！

4. 先说是借

你若送上司的是物，不妨说，这东西我家搁着也是搁着，让他拿去先用，日后买了再还；如送的是钱，可以说拿些先花，以后有了再还，只要你不催着要他还，天长地久也变成了送了，这样也可减少受礼者的心理负担，你送礼的目的就达到了。

5. 借机生蛋

一位下属受上司恩惠颇多，一直想回报，但苦无机会，一天，他偶然发现上司红木镜框中镶的字画感觉是一幅拓片，跟家里雅致的陈设不太协调，正好，他的叔父是全国小有名气的书法家，手头还有他赠送的字画。他马上把字画拿来，主动放到镜框里，上司不但没有反对，反而十分喜爱，送礼的目的终于达到了。

6. 借路搭桥

你可以在送礼的时候对上司说是以出厂价、批发价、优惠价买下的，象征性的向上司收一些费用，收到的效果与送礼一般无二，上司因付了一些钱，收东西时心安理得，毫无顾虑。

职场物语

如果你认为给上司送礼是在贿赂上司，那么你的行为就是行贿；
如果你认为给上司送礼是加深感情，那么你的行为就无可指责！

# 如何为自己赚足晋升的人气?

我们经常会说，某某是某一职位的“热门”人选。其实这“热门”，说的就是晋升的人气，亦即人际关系好。人气，往往在晋升中扮演着关键的角色。人气有时甚至比业绩、比能力更重要。

## 人际关系是你的职场优质资产

在职场中，有很多人都会有这样的疑问：“某某算什么？不就是和同事们常聊聊天，吃吃饭，和上司常打打球吗？我的工作业绩比他强多了，没想到这次晋升部门经理的竟是他！”一声叹息之余，不甘之心越来越强烈！实际上，他们没有意识到，人气也是职业实力的一部分。在某种程度上，在晋升关键期，它甚至比后者更能发挥作用，也更难以掌握。

一个人职场人际关系的缺失，常常会将自己陷入不利的境地，上司会渐渐对你失去兴趣。是金子就该闪光，可是，你总是在上司面前拒绝发光，上司看不到你的价值，他怎么能重用提拔你呢？

另外，因为你的自恃才高，同事也孤立你，你的日子就不好过了。一般来说，一个人被孤立的原因多种多样，其中自负是主要原因。“这个项目很简单！”一句不经意的评价，可能使同事认为你刻意显摆。“这个项目我完全可以独自完成”的想法可能使你失去了和同事沟通的最好平台。

人际关系的重要性体现于职场的方方面面。

据一项调查显示：有95％的人力资源主管或求职者透过人脉找到适合的

人才或工作，而且61%的人力资源主管及78%的求职者认为，这是最有效的方式。“最有效的求职途径”调查结果表明，其中“熟人介绍”被列为第二大有效方法。这就意味着，如果没有良好的人际关系，进入一个好职位的机会都会减少很多。

中国人历来重视“人和”，所谓“得道者多助，失道者寡助”，人际关系的重要性由此可见一斑！

## 让你的职场人气“火”起来！

在职场上，实力、机遇和贵人一个人是成功的三要素，有实力的人需要遇到机遇和贵人。机遇和贵人是在特定的时期内出现的“天时、地利、人和”的巧妙组合。你无法控制这种巧妙组合的适时出现，唯一能做的就是通过控制自己的人脉来给自己创造更多的可能。因此，好的人缘可以转化为自己成长的加速器，对比没有这个加速器的人，自己的实力又增加了很多。

人气旺，表明你人缘基础好，有群众威信，上司提拔你才能“服众”。若人气不旺，即便被提拔，你管理下属时也一定是手段强硬，最后会导致下属和平级部门之间不配合，你的管理工作就无法顺利开展。

那么，在通往晋升的道路上，你怎样才能不断地积蓄你的人气力量呢？

首先，要处处替他人着想，切忌自我中心。要搞好同事关系，就要学会从别人的角度考虑问题，善于做出适当的自我牺牲。取得成绩之后，要和大家分享，不要太张扬了。有机会也要给别人留点，帮助别人实现目标。

其次，要胸襟豁达，善于接受别人。要不失时机地给别人以表扬，但要掌握分寸，别太夸张了，以免使人产生虚伪的感觉，失去对你的信任。

再次，要掌握与同事交谈的技巧。要注意倾听他的讲话。并给予适当的反馈。在表达自己思想时，要含蓄、幽默、简洁、生动。既要表现自己的高雅和修养，同时还要避免分歧。

最后，不管再忙，也要抽时间和同事打成一片。培养自己多方面的兴趣，以爱好结交朋友，这也是一种好办法。另外，互相交流信息、切磋自己的体会都可融洽人际关系。

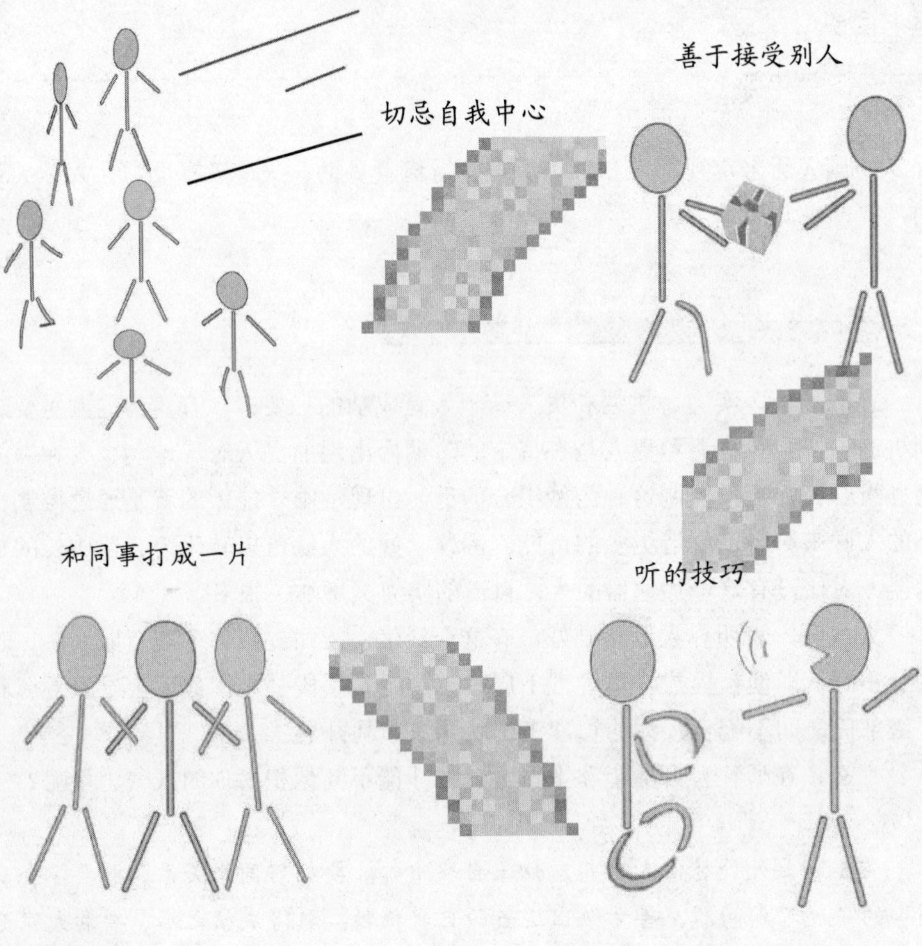


## 悟 小故事中的大感悟

姚强是某名牌大学计算机专业毕业生，毕业 10 年来一直从事软件开发工作。他是个软件方面的奇才，好多业务难题到了他手里，没有解决不了的。刚开始接触他的人会夸他:“姚强是挺有才气的。”但他性格里有一个弱点，那就是:宁可少一事，绝不多一事。凡事都推脱，同事遇到难题请他帮忙，他经常说:“这有什么难的，不就这么做嘛！”久而久之，人们都不再说他有才了，也不找他帮忙了，对他敬而远之了。“姚强有才，就是太狂了。”同事们在一起有说有笑，他一来大家立刻就“灭火”了，他只能孤芳自赏。

在上司那里，姚强同样不知道为自己争人气。上司安排他活儿，他也是能推就推。有才华不用，等于没有才华，他的上司最后把他晾在了一边。时间久了，他没有了锻炼机会，而计算机软件能力需要不断的实战锻炼，他得不到锻炼就慢慢退化了。如今，工作10年的他，连个主管都还不是，看到昔日自己瞧不上的同事，都有了一定的职位，有的还成了公司的副总，他也只能一声叹息了！

职场物语

使自己的人气“火”起来，树立起群众威信，上司提拔你才能“服众”。

# 可以为自己创造一个职位吗?

对于职场三十的人来说，你在公司或企业得不到晋升或是不能晋升的更高，这或许是和公司管理结构的“扁平化”有关——你上面本来就没有多少人，也有可能出现一个职位，但却有十个比你更有经验的人排队等候。你该怎么办？或许，你可以用创造性思维为自己创造一个职位，来有效地提升自己。

## 纵向扩展你的技能

纵向扩展技能意思可以这样来理解——你可以多加留意你的上司和同事的工作，来扩展自己的技能以承担他们的工作。譬如说你在公共关系部门工作，你的工作主要是安排事务，而你同事则处理新闻界关系，你也学学怎样与新闻界打交道。

纵向扩展你的技能，其中心要点就是使你对公司更有价值。当你的同事请病假或离开时，你可以接管他们的工作；或者仅在他们超负荷时帮助他们完成任务。关键时刻你将是无价之宝！

那么，纵向扩展你的技能，如何才能帮助你获得晋升呢？让我们来看一些实例：

你的公司决定在你所在的部门设立一个新的管理层。谁对每项工作都有相当程度的了解——至少能够统筹它们？你就是这样的人。

你的同事离开了，你向上司提出你可以处理他们的工作和你自己的工作，只要给你一个助手就行了。这样，上司就拥有两个懂得如何处理这些工作的在位的人——有个助手为你工作，你就成功地在地位上升了一级。

## 主动地为自己增加一些责任

除了上面已经提到的纵向扩展你的技能外，你还需要时时把握机会主动地为自己增加一些责任，你承担的责任大小才决定了你的级别。因此，永远不要错过做自愿者的机会。“我可以做那件事。”这句话你应该时时挂在嘴边。

在没有可得到的职位让你晋升的时候，这种方法怎样帮助你呢？你必须做的就是这件事。一旦这些新责任被确定成你工作责任的一部分，你就要求同上司面谈。向上司说明，你认为你的工作头衔不能反映你真正从事的工作，与其说你是公关部门助理人员，不如说你是公关部门管理人员。你已经对所做的工作增添了许多价值，你希望改变工作头衔以反映和回报你所做的努力。你没有要求晋升，但是工作头衔的级别提高了。这种改变，事实上就是一种晋升。

## 为自己创造一个合适的位置

这种方法对小公司和大公司都非常有效。你的任务就是找出一个原本不存在的职位，然后提升自己以适合此职位。比如，如果你在营销部门工作，而且你在讲解方面很有经验。你可以对你的上司说，“小李有希望成为一个很有前途的推销员。如果我把他带在身边，多给他一些提示，应该会对他有帮助吧？这样的话，把他变成对部门真正有用的人不再是件困难的事。”

一旦你改善了小李的绩效，你同样也可以对小王和小赵这样做。一旦进展顺利，你就可以提出带小李随同你一起去参加下一个贸易展销会，以便他能够学会有效地操作一次展销会。不久以后，你就去找上司，对他说，“我发现我们公司的手工训练有点过时了，假如我草拟一些修改建议会不会有帮助？”

你可以看到这里将要发生的事：你正变成部门甚至整个公司的培训主管。如果上司没有注意到这些情况，在适当的时候（在上司已经开始依赖你的培训专长时）你就向上司指出来。有两种方法可以让你做到这一点：

◆ 告诉你的上司，你认为公司需要一个培训主管。写一份建议，简述你相信这项工作将是必需的，而且会给公司带来好处。说服上司设立这个岗位后，你自己就去申请这个职位。你比其他任何人都更具有做此项工作的优势。

◆ 请求与上司面谈。告诉上司，你非常喜欢接受做培训工作这样的挑战，并且你认为自己对公司是有价值的，你愿意改变自己的工作，使之包括扮演正式培训主管的角色。就算只是你的工作头衔得以改进，这无疑也包含了某种类型的晋升——正如我们已经看到的，从效果上来讲已经构成了一次晋升。

## 专攻人际关系学

拓展机会以使自己晋升到一个还不存在的职位上的另一种方法是同与你有工作联系的人建立密切的关系。假定你与供应商有工作联系，你负责对一些复杂的交易进行谈判，以节省公司的费用。同时，你要保证能够马上付钱给供应商，并且订单要事先签好，使供应商更容易做计划安排。一旦供应商喜欢你，无论什么时候出现困难，或者有新的交易需要谈判，他们都会真切地希望与你个人打交道。

用不了多长时间上司就会认识到你是公司的重要资产并且难以取代。这些个人资本或建立的特殊关系对公司来说是非常重要的。一旦你用这种方式巩固了你的地位，你就可以同上司谈论改变工作头衔的事情。

同样，你也可以采用同样的方法同顾客、公司内其他员工或主管建立必要的关系。要取代一个其专长建立在私人关系上的人远比取代一个其价值建立在技术能力上（比如笔记能力或计算机能力）的人困难得多。你的上司明白这个道理，因此你就具备了强大的讨价能力。

职场物语

上司提拔你，你可以做领导；自己提拔自己，你也可以做领导。

# 工作压力大怎么办？

众士兵：“渴……渴……”

曹操：“大家再坚持一会儿！我曾经到过这个地方，记得附近有一座梅林，再走一会儿可能就到了。”众士兵：“噢……有梅子吃呀……噢……”

半个时辰后——曹仁：“主公！探险队找到了大量的水源！”

曹操：“哈哈哈哈，大家听到了吗？终于有水喝啦！”

众士兵：“不去……一定要找到梅子……”

工作压力，是当前全球性的热点话题。对于职场人来说，工作压力既是一种强大的推动力，也是一个影响工作绩效和职业健康的消极因素。职场三十之所以会遭遇“年龄恐慌”，和来自方方面面的压力有着直接的关系，包括我前面所提到的职业成就压力、职场竞争压力以及婚育家庭压力，等等。如何缓解和消除工作压力，正确合理管理和利用工作压力，是当今职场人士的所面临的一个重大课题。

# 工作压力,是“魔鬼”还是“天使”?

工作压力,对于每一个职场人士来说,都无可避免!工作压力可以摧毁一个人,但同时也能成就一个人,这其中的关键就是要看一个人对于压力抱有一种什么样的态度。

## 工作压力危害甚大!

对目前的职场人来说,工作压力绝对是一个不容忽视的问题,尤其是对于职场三十的人士来说,更是如此!

工作压力过大,不管是对个人还是对工作本身,都会造成很大的危害。对

会出现血压增高、肠胃失调、溃疡、易意外受伤、身体疲劳、心脏疾病、呼吸问题、头痛等生理变化

工作效率降低,对工作缺乏兴趣,与上下级或同事关系不良,工作失误增加等等

工作压力过大给个人生活带来的主要影响表现在两方面,即生理失调和心理困扰。严重者出现生理疾病和心理障碍,甚至出现生命危险。

于个人来说，压力过大，就会出现血压增高、肠胃失调、溃疡、易意外受伤、身体疲劳、心脏疾病、呼吸问题、头痛等生理变化，而各类癌症、情绪抑郁、甚至自杀等现象都和压力有着很大的关系。

压力对个人工作的负面影响主要表现为：工作效率降低，对工作缺乏兴趣，与上下级或同事关系不良，工作失误增加等等。而压力给个人生活带来的主要影响表现在两方面，即生理失调和心理困扰。严重者出现生理疾病和心理障碍，甚至出现生命危险。

据统计，美国每年有3000亿美元的损失都是由压力造成的，欧盟每年也因工作压力太大，丧失20%的劳动力。而在中国，根据一项调查结果显示，有45%的职场人觉得压力较大，有21%的人觉得很大，有3%的人觉得压力极大，濒临崩溃。

由此可见，工作压力的负面危害是多么大了！

## 工作压力也是一种动力

事实就是这样，任何事物都有其两面性，工作压力的负面危害是巨大的，但同时，工作压力也有着其积极的作用。

人们常说："压力就是动力！"正是因为有了压力，才促进了自然界的优生劣汰；因为有了压力，才激发出人类的奋斗精神和主观能动性；因为有了压力，才推动了社会的文明进步。所以，从这个意义上讲，压力等同于动力。

工作压力常能给人以挑战感和兴奋感。譬如在一个销售团队中，销售经理经常对下面的员工说："我们必胜，这个目标一定能实现。"而销售经理的每一个目标都比过去的目标高，这就是一个预期的压力，销售经理利用这种压力让团队产生动力，提高兴奋度，更有信心地迎接挑战，实现目标。

工作压力可以增强人们的自信心和目标感。我们前面曾经提到，对于职场三十的人来说，"年龄恐慌"的很重要的原因就是对于未来缺乏方向感，不知以后会怎样，要做些什么。而在不断地寻找到方法和途径的过程中，他们的自信心就会不断地被激发。凭着自信心，他们会去不断地对工作发起挑战，并不断地找到职场前进道路上的一个又一个目标。

## 工作压力是好是坏全在一念之差

**专家提示** 有了一定的工作压力，就会“迫使”他们去寻找解决压力的方法和途径。

我们前面分别对工作压力的两面性做了概述性的分析。那么，工作压力到底是好是坏，是天使还是魔鬼呢？

其实，就工作压力本身来说，并无好坏之分。我们之所以会认为工作压力是好的，或是不好的，起决定性作用就是我们对于工作压力的态度，也就是说我们是怎样看待它的。如果你将它看做是压力，它就会把你压得喘不过气来；如果你将它视为一种动力，它会带给你无穷的动力。

## 你被工作压力困扰了吗？

我们在前面对工作压力的危害性做了深入的了解，那么你想必现在最想做的就是要了解自己是不是也受困于工作压力的不良影响。这里为大家提供一个工作压力自测表，你不妨给自己做一个简单的测试，及时发现自己的情况，以便采取措施来应对。

◆ 觉得手上工作太多，无法应付。

◆ 觉得时间不够用，所以要分秒必争。例如过马路时闯红灯，走路和说话的节奏很快。

◆ 觉得没有时间消遣，终日记挂着工作。

◆ 遇到挫折时很易发脾气。

◆ 担心别人对自己工作表现的评价。

◆ 觉得上司和家人都不欣赏自己。

◆ 担心自己的经济状况。

◆ 有头痛、胃痛、背痛等毛病，难以治愈。

◆ 需要借烟酒、药物、零食等抑制不安的情绪。

◆ 需要借助安眠药帮助入睡。

◆ 与家人、朋友、同事的相处令你发脾气。

◆ 与人倾谈时，打断对方的话题。

◆ 上床后觉得思潮起伏，很多事情牵挂，难以入睡。

◆ 太多工作，不能每件事做到尽善尽美。

◆ 当空闲时轻松一下会觉得不知所措。

◆ 做事急躁、任性而事后感到后悔。

◆ 觉得自己不应该享乐。

0～6项：精神压力程度低但可能显示生活缺乏刺激，比较简单沉闷，个人做事的动力不高。

6～11项：精神压力程度中等，虽然某些时候感到压力较大，仍可应付。

12项或以上：精神压力偏高，应反省一下压力来源和寻求解决办法。

## 排解工作压力七步曲

如果你确定自己受困于工作压力的不良影响，你可以通过以下七个步骤来有效缓解和消除你的工作压力：

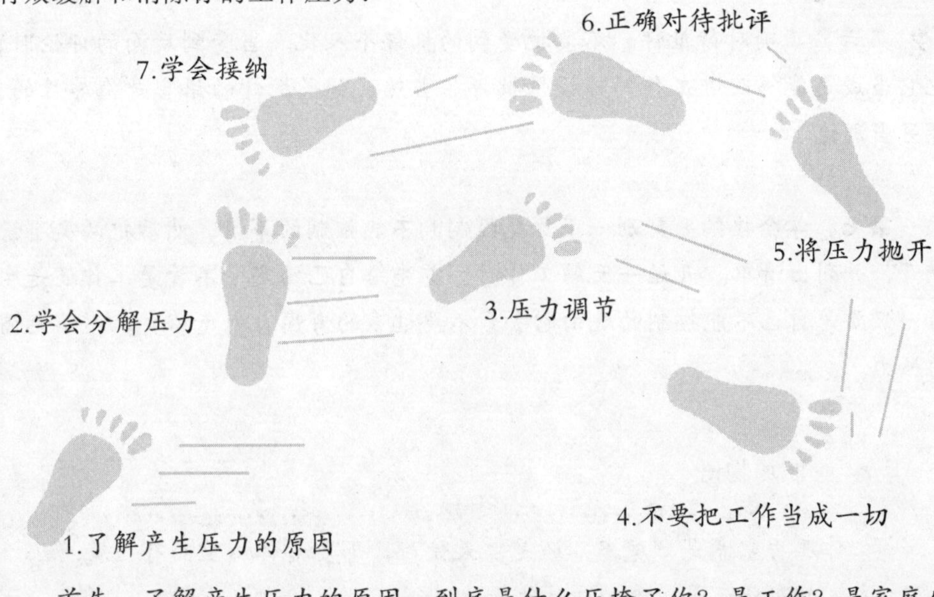


首先，了解产生压力的原因。到底是什么压垮了你？是工作？是家庭生

活？还是人际关系？如果认识不到问题的根源，就不可能解决问题。如果在确定问题的根源方面有困难，那就求助于专业人士或者机构，比如心理咨询师。

其次，学会分解压力。把工作进行分摊或是委派以减小工作强度。千万不要陷到可怕的泥潭当中：认为你是唯一能做好这项工作的人。如果这样，你的同事和上司同样也会有相同的感觉，于是就会把工作尽可能多地加到你的身上。

第三，压力调节。从认知角度调整压力，如对一事件常有最坏的预期，可通过行为训练来调节，如呼吸放松，系统肌肉放松等等。

第四，不要把工作当成一切。当你的大脑一天到晚都在想工作的时候，工作压力就形成了。一定要平衡一下生活，分出一些时间给家庭、朋友、嗜好等，最重要的是娱乐，娱乐是对付压力的良方。

第五，将压力抛开。一天当中多进行几次短暂的休息，呼吸一下新鲜空气，放松大脑，防止压力情绪的形成。千万不要放任压力情绪的发展，不能使这种情绪在一天工作结束时升级为压倒你的压力，时不时地做深呼吸以缓释一下压力。

第六，正确对待批评。不要把受到的批评个人化。当受到反面的评论时，把它当成是能够改进工作的建设性批评。当然，如果批评的语言是侮辱性的，那另当别论。

第七，学会接纳。辨别一下你能控制和不能控制的事情，然后把两类事情分开，并列出清单。开始一天的工作时，首先给自己约定：不管是工作还是生活，只要是自己不能控制的就由它去，不要过多的考虑，以免给自己增添无谓的压力。

职场物语

工作压力究竟是“魔鬼”还是“天使”，那要看你心里面有“魔鬼”的影子还是“天使”的影子。

# 我是否也处于“过劳死”的边缘？

“过劳死”是指人在非生理的劳动过程中，劳动者的正常工作规律和生活规律遭到破坏，体内疲劳蓄积并向过劳状态转移，使血压升高、动脉硬化加剧，进而出现致命的状态。简要地说就是超过劳动强度而致死。

## 警惕“床垫文化”的“熏陶”！

这里所说的“床垫文化”，说白了就是指上班族的加班现象。

我们经常可以看到，在一家公司或企业刚创业的时候，几乎每个员工都会有一张床垫。午休时，席地而卧；加班晚了不回家，与垫相伴。累了睡，醒了爬起来再干，一张床垫相当于半个家。可以说，“床垫文化”已经成了创业精神的象征。但是，它同时也造成恶性“后遗症”，这就是“过劳死”！

“过劳死”最为主要的原因莫过于加班。对于每一个职场三十的人来说，加班几乎是无可避免的事情，而且极为普遍。

---

中国青年报社会调查中心和央视资讯科技有限公司曾合作实施了一项调查，结果令人吃惊！在接受调查的1218人中，每天工作不足8小时的人占34.4%，而工作时间在8小时以上的人高达65.6%。其中，每天工作10小时以上的人已经超过20%！

---

加班现象究其原因是诸多的，但就其成因来讲，不外乎想获得高收入。这

是职场三十人士的普遍的一种心理诉求，是一种最现实的无奈！

事实上，无论是出于什么样的原因，玩命工作就是在透支生命！

## 警惕“过劳死”危险信号！

要想防止“过劳死”，就必须了解身体为我们发出的“过劳死”信号。那么，“过劳死”有哪些危险信号需要我们加以注意呢。这里为大家简要地列举一些：

◆ 经常感到疲倦，忘性大；
◆ 酒量突然下降，即使饮酒也不感到有滋味；
◆ 突然觉得有衰老感；
◆ 肩部和颈部发木发僵；
◆ 因为疲劳和苦闷失眠；
◆ 有一点小事也烦躁和生气；
◆ 经常头痛和胸闷；
◆ 发生高血压、糖尿病，心电图测试结果不正常；
◆ 体重突然变化大，出现“将军肚”；
◆ 几乎每天晚上聚餐饮酒；
◆ 一天喝5杯以上咖啡；
◆ 经常不吃早饭或吃饭时间不固定；
◆ 喜欢吃油炸食品；
◆ 一天吸烟30支以上；
◆ 晚上10时也不回家或者12时以后回家占一半以上；
◆ 上下班单程占两小时以上；
◆ 一天工作10小时以上；
◆ 星期天也上班；
◆ 经常出差，每周只在家住两三天；
◆ 夜班多，工作时间不规则；
◆ 最近有工作调动或工作变化；
◆ 升职或者工作量增多；

◆ 最近以来加班时间突然增加；
◆ 人际关系突然变坏；
◆ 最近工作失误或者发生不和。

在以上所列的“过劳死”的危险信号中，占有6项以上，即是有过度疲劳危险者，占9项以上就可能在任何时候发生“过劳死”！

## 让疲劳在生活中消失于无形

以上我们简要了解了“过劳死”的种种危险信号，目的就是要有针对性地对“过劳死”进行预防。那么，对于职场三十的人来说，预防“过劳死”可采取哪些措施呢？

“过劳死”主要就是因为“累”，而“累”病没有特效药，主要应靠各种生活调理，以缓解和消除疲劳：

1. 消除脑力疲劳法

2. 饮食补充法

3. 休息恢复法

4. 科学健身方法

1. 消除脑力疲劳法

适当参加体育锻炼和文娱活动，积极休息。如果是心理疲劳，千万不要滥用镇静剂、安眠药等，应找出引起感情忧郁的原因，并求得解脱。病理性疲劳，应及时找医生检查和治疗。

2.饮食补充法

注意饮食营养的搭配。多吃含蛋白质、脂肪和丰富的B族维生素食物，如豆腐、牛奶、鱼肉类，多吃水果、蔬菜，适量饮水。

3.休息恢复法

每天都要留出一定的休息时间。听音乐、绘画、散步等有助解除生理疲劳。

4.科学健身方法

一是有氧运动，如跑步、打球、打拳、骑车、爬山等；二是腹式呼吸，全身放松后深呼吸，鼓足腹部，憋一会儿再慢慢呼出；三是做保健操；四是点穴按摩。

职场物语

劳动很光荣！但因为过度劳累而致病，而致死，那只能说明你并不是一个明智的人。

# 不加班就是懒吗？

前面我们讨论了“过劳死”，其最主要的原因就是经常加班过于劳累所致。事实上，如今的职场人，对于加班这一问题似乎已达成潜移默化的“共识”，甚至将加不加班、经常不经常加班视为工作努力不努力的表现。

## 工作的目的绝不是为了加班！

我们知道，对于职场三十的人来说，加班已司空见惯。但是，加班究竟为的是什么？这的确值得我们去探讨和思考！

尽管如今的竞争已经越来越白热化，可再怎么样，也不至于每天花掉10多个小时也完不成工作吧？既然如此，为什么还有不少人每天加班到深夜呢？为什么难得的周末也要在公司度过？莫非他们的工作真的是多得做不完，还是他们已经沦为工作狂人？

恐怕真正的原因并非如此。有人曾对职场白领们经常加班的原因作过调查，得到的结果令人大吃一惊。

调查结果显示，在接受调查的100人里面，只有22人是因为工作太忙，不得已才经常加班。19人是因为回家后也不知道做些什么，所以干脆在公司呆久点再回去。而剩下的59人，则是因为看到别人没走，要是自己走得太早，怕给老板留下不努力的印象。因此，他们即便呆在公司无事可做，也要晚一点下班，至少不能比别人走得早。

不加班就是懒员工，这在不少员工乃至老板心中，是不容置疑的结论。然而，事实果真如此吗？

当然不是！工作的目的，绝不是为了加班！我们之所以工作，是为了证明自己的价值，同时也是为了寻求内心的充实。既然如此，

我们就应当把工作目标放在工作本身——尽最大努力去完成自己的每一项任务，让它升华为我们引以为豪的成就。

所以，我们的工作重点应是如何更快更好地完成每一项任务，而不是看谁的加班时间长。

## 上班8个小时你都干什么啦？

事实上，经常加班本身就是对工作的不负责。因为，一个人每天长时间呆在公司，身体得不到充分休息，只能降低你的工作效率，这对工作业绩的提高毫无益处。不可否认，老板都希望自己的手下能把每周7天、每天24小时全都放在工作上。但是，从另一个角度来讲，他们更希望自己的员工能以充沛的精力投入到高效率的工作中去。如果二者选其一，相信任何一个想把企业做大、做强的老板都会毫不犹豫地选择后者。毕竟，只有效率高、精力好的员工，才会为企业创造更大价值。

鉴于以上的种种理由，即便你觉得自己有必要讨好老板，也没必要把心思放在多加班上。老板不是瞎子，如果某君几乎以公司为家，可工作业绩却与别人相差无几，老板会怎么想呢？他非但不会被某君的勤奋所感动，还会觉得此人效率低下，别人8小时就能完成的工作，他却要16小时才能搞定，这显然不是一个值得肯定的成绩。换个角度想想，如果你是老板，你会留这种只知道加班却毫无建树的人吗？

因此，谁说不加班就是懒员工？和加班相比，我们更应把重点放在提高效率及工作积极性上。尽管你每天都正点下班，却能在工作时间内把事情处理得井井有条，且每天保持旺盛的精力和积极的心态，这样的人，才是老板梦寐以求的人才啊！

## 小故事中的大感悟

想必我们都知道大名鼎鼎的耐克公司。耐克公司的企业经营理念其中的一条就是：耐克希望自己的员工健康，倡导的是工作与生活的平衡，所以耐克不提倡加班！

一位耐克管理者这样解释说："耐克不鼓励员工加班，如果员工总是加班，说明我们的管理层在是否用对人、人员配置和工作量的把握上出了问题。耐克希望员工能自我调节，很好地平衡工作与生活。我们的大老板，一下班就带头回家了，很少留在办公室加班。虽然有些时候，他可能把工作带回家去做了。但他下班就离开办公室的做法，是一种姿态，告诉员工，公司并不要他们牺牲生活提供服务。"

## 职场物语

事实上，那些"不勤于"工作的人并不见得一定就是不热爱工作的人；而那些"拼命于"工作的人也不见得就是一个热爱工作的人。

# 上班总是不快乐该怎么办?

“糟糕”、“沉闷”、“令人不快”，许多职场三十人士时常会用这些词来形容自己的工作。工作中不快乐是普遍的，往往也是一时的，但是没几个人会花时间去分析为什么工作不快乐，以及该如何调整自己的心态。

## 为什么上班总是不快乐?

为什么上班总是不快乐？很多人都会把原因归咎于工作本身，认为那是一份“不快乐”的工作,是一份让自己讨厌的“坏”工作。而事实上,“不快乐”的工作和“坏”工作是不同的。因为一个人的理想工作对另一个人也许毫无吸引力。但是,“让人不快”的工作有一些共同特征：让人在晚上加班回家后变得愤世嫉俗、沮丧、情绪低落；会耗尽人们的精力、挫伤积极性、损害自尊。

对于职场三十人士来说，上班不快乐常常会有以下三种表现：

**专家提示**

每位员工都需要知道自己的工作以某种方式影响到了其他人——顾客，同事，甚至是上司。

1. 不被关注

老板或上司对作为独一无二的个体、有自己抱负和爱好的员工没有兴趣，这使员工感到“不被关注”。

2. 感觉自己无关紧要

当员工无法看到自己的工作所产生的影响时，就会感觉自己对于公司无关紧要。

3. 无法评价自己

指员工无法评估自己的贡献或成就。于是，他们往往需要依赖别人的意见（往往是老板或上司的）来衡量是否成功。

### 上班时间不是你耍性子的时候

办公室是工作的地方，人的一天之中，多数时间都要在这里度过。愉快的工作气氛，和谐的同事关系，会让人的情绪保持在非常好的状态中，也会使工作效率大大提高。身在职场，谁都期望有这样一个工作环境。可惜，职场三十人士压力太大了，常常会感到不快乐，常常会有一些莫名其妙的情绪无法发泄，以至于办公室竟成了他们的首选目标。

人处于情绪低潮期，就容易迁怒周围的人和事，这是自然的。可是，凡事都应该有个限度，超过了一定的限度，就可能带来恶劣的后果。一个人老是把情绪和工作搅和在一起，同事会对你反感，上司会对你反感，甚至老板也会对你反感。那你还怎么混下去！所以，要切记，请“不要带着情绪做事”！就像希尔顿酒店规定的那样：万万不可把你心里的愁云摆在脸上！

### 快乐也可以“假装”！

对于很多职场三十的人来说，都曾有过或是正在经受上班不快乐的折磨。这会直接影响到工作的效率和质量以至于职场人际关系的和谐。那么，如何才能使自己快乐起来呢？对此，一些心理专家建议：你不妨“假装快乐”！

“假装快乐”，是一种快速调整情绪的好方法，可以使人们脱离不良情绪，尽情享受上班的快乐。虽然治标不治本，但的确有效！心理学研究发现，人类身体和心理是互相影响、互相作用的整体。某种情绪会引发相应的肢体语言，比如愤怒时，我们会握紧拳头，呼吸急促，快乐时我们会嘴角上扬，面部肌肉放松。然而，肢体语言的改变同样也会导致情绪的变化，当无法调整内心情绪时，你可以调整肢体语言，带动出你需要的情绪。比如你强迫自己做微笑的动作，你就会发现内心开始涌动欢喜，所以假装快乐，你就会真的快乐起来，这就是身心互动原理。

“假装快乐”，是一种快速调整情绪的好方法，可以使人们脱离不良情绪，尽情享受上班的快乐。

另外，“假装快乐”的感受还可以通过行为获得，情绪压抑者可以尝试“笑功”：先站直，然后身体前屈90度，再后仰10度，并配合喊出“哈哈哈哈”的声音，动作和声音力求夸张，连做六次，前后对比就会有不同感受。

职场物语

假如你工作不快乐，那就“假装快乐“，时间长了，你也就真的快乐了！

# 我也可以和幽默大师一样吗？

幽默，是人生的一种态度，它可以在会心一笑间使一个人情绪发生好转、化解一场即将发生的矛盾或是提振一个人的自信心。对于身处职场压力下的人来说，幽默无疑是一剂化解你职场压力之痛的“特效药”。

## 工作和幽默并不绝缘

在人们固有的传统思维印象中，似乎工作总是要一板一眼、严肃认真，不可带有一丝的情趣。然而事实上并非如此！工作需要认真、严谨，同时，也需要幽默和快乐。工作和幽默并不绝缘，相反，工作非常需要幽默的点缀。

假如你是一家公司的销售人员，如果公司最大的客户告诉你，他们下年度起不和你续约了，因为他们已决定要换人做做看，聘用另一家公司来服务。面对最大客户的移情别恋，你会怎么把这坏消息禀告上司？

我们来看看雅洁，她是怎么做的：

雅洁在主管的办公桌前坐下，开始说话：“我今天早上开车载客户去看场地，结果一不小心出了车祸，我没大碍，但客户的大腿被夹伤血流不止，医生说有截肢的可能。她很生气，大声嚷嚷说要告我们公司，并中止跟我们的合作，还打电话去电视台要发布新闻。喔，对了，我忘了说我开的那部公司车右边几乎全毁，恐怕要花好几万修车。”

看着销售主管的眉头愈皱愈紧，雅洁稍停了一会儿，然后接着说，“其实我早上并没开车，客户也没受伤，不过他们的确决定不跟我们续约了。”

主管如释重负，一阵噗嗤之后，两人就能对失去这个客户一事轻松以对了。

哈！这真是幽默感的精采演出，它让我们对事情产生新的洞察及观点，而能重新来看待自己遇到的挫折。我们说，幽默是提升职场上情绪生产力的重要武器！

### 现在开始，培养你的幽默感吧！

其实，在很多职场三十的人的内心中，都会有以幽默的方式和人打交道的想法和愿望，可往往是，嘴张开了，却发现自己的幽默感是那么的缺失。于是开始意识到，是该学学如何提升自己的幽默感的时候了！那么，怎样做才能提升你幽默能力呢？你不妨参考以下几点来做：

1.“坏消息，好消息”练习

幽默的最大力量，就在于它提醒了你我，事情可以有不同角度去诠释。凡事有优点一定有相对的缺点面，同样的，任何看来是缺失的事一定也有相对的优点面。请别小看这个简单的道理，这可是撑起“乐观”能力的最重要的思维骨架。

事不宜迟，快快开始练这个功夫。首先，先从简单的入门。请试着每次在抱怨之后加上“哈哈”二声，来提醒自己事情的确有令人发笑或值得庆幸的一面。

例如：“老板把我的案子给退回来了，哈哈！”“客户说我们的想法一文不值，哈哈！”

你觉得这像是在苦笑？没关系，苦笑都比不笑强，即使你一开始是皮笑肉不笑，都能发挥“停顿、转换”的情绪功效（等你练成了幽默武功，日后就会笑得很自然了）。

然后请试着做这个超优的练习：“关于这件事，坏消息是xxx，好消息是xxx，”来找出其中的有趣，并为目前的困境加点明亮的色彩。

例如：“坏消息是昨天花了4小时跟客户开会，客户却不接受我们的想法，不过好消息是今天跟客户开会，只花了3个小时就得到和昨天同样的结果了！”

哈！心情是否完全不同了呢？

2. 率先嘲笑自己

当你碰到窘况时，与其身陷其中手足无措，不如率先发难来嘲笑自己。例如，做事老是出错，不需恼羞成怒，你可以在别人开口前抢先嘲笑自己，“我就知道我今天是来参加“谁最笨手笨脚”的比赛，而且夺魁希望浓厚哩！”

曾听过一位头3/4稀疏的朋友说，“在如何治疗秃头这方面，我以前曾经是个专家哩！”哈！同理可用在别处，失去客户时，你可以如是告昭众人：“关于如何与客户维持良好关系这档事，我以前曾经很厉害过！”

3. 耍宝装蠢

懂得适时地放下身段，装疯卖傻地耍个宝，会是最直接而利人利己的找笑绝招。

耍宝其实是个高尚的行为，你也许不见得同意。不过心理学上的研究显示，装蠢可是一个超强的情绪能力。能够耍宝，代表你有能力在严肃沮丧与轻松愉快之间做出有意识的决定，来选择自己看待生活的方式，而这正是自我掌控力的最大展现。

所谓装蠢不蠢，耍宝才乐。耍宝最简单的方法就是利用搞笑道具。譬如某家公司在办公室放一个小丑的大红鼻子，不爽的人一戴上，立刻惹来一片笑声，心情当然也就焕然一新了！或者，看到同事因失恋郁卒，不妨送上一个OK绷带，并附上一张字条：“医生用药指示xxx贴在心碎患处，药效神速，保证贴了就好。”

幽默感也许无法真正解决问题，但有了幽默力，你我就能立刻接受现状，并在欢笑中解脱苦痛，发现出路！

## 悟 小故事中的大感悟

阿美所在的公司，一连两个月来，大家几乎都在加班加点地赶任务，为的就是能过上一个轻轻松松的春节。可人毕竟不是机器，连续工作那么长时间，大家都身心疲惫，情绪也变得十分低落，有时仅仅为了一点小问题，就可能引发一场口角之争。整个办公室都弥漫着一股令人窒息的气氛，让人感到十分不痛快。

这天，老板照例出来巡视工作，他走到阿美身边时突然问道："阿美，你的衣服多久没洗了？怎么走到旁边都觉得有股异味？"

或许老板只是想开开玩笑活跃一下气氛，可这句话实在太不中听了，怎么能这么说一个爱漂亮、爱干净的美女呢？就连旁边的几位同事都觉得有些刺耳，更何况阿美本人呢？她可是大家公认的办公室第一大美女！最近几天大家情绪本来就不好，要是阿美因此而发飚，形势就很难控制了。老板似乎也察觉到了自己言语有失，一时不知道该说什么好，只好闷不做声。整个办公室一下子安静下来，空气也仿佛凝固了一般。

"老板！"几秒钟的沉默后，阿美突然笑着说，"你以为我不想换衣服吗？可你总是不放假，我连洗衣服的时间都没有啊！"一句话，逗得老板和其他同事大笑不已。笼罩在办公室里的阴霾气氛瞬间被冲得无影无踪！

## 职场物语

幽默其实就是一种人生，它比任何形式的人生都要来得轻松！

# 怎样做一个受下属欢迎的上司?

传说，武氏炊饼店隆重开张头几日，生意好得让武大郎喜出望外，只是夫妻二人实在是忙不过来。于是，武大郎决定招聘伙计两名。

招聘的消息一经传出，应聘者云集，只是看完招聘告示后纷纷扫兴而去。这是为什么呢?

原来，招聘告示上第一条就赫然写着：身高不得高于大郎!

职场三十的人，或许你通过几年、十来年时间的打拼，已经晋升到管理者的位置，那么真的是祝贺你！作为一个管理者，你的主要日常工作就是怎样管理好你的下属，网罗好你的下属，和下属协作共荣。一个受下属欢迎的上司，下属才会拥戴你，积极协助你的工作，帮你分忧担愁。下属在你的领导下开创出卓著的业绩，那么，你获得再次升迁的机会也就会大大增加了。

# 要不要和下属打成一片?

经过几年甚至十几年的努力打拼，你坐上了上司的位子，从一名草根职员到一名上司，完成了身份地位及身份的转换。这时，以前和你一起打拼的“阶级兄弟”如今有不少都成了你的下属，加之不断有新人加入你的组织。作为一个上司，你需要在建立组织中建立自己的权威，但也需要和你的下属维护好关系。我们经常会看到，很多的上司因为要树立自己的权威，最后变成了“孤家寡人”；很多上司因为过于和下属亲近而失去权威，最后令不能行。面对这样的困惑，你，应该怎么办呢?

## 你和下属就是两只“刺猬”

大家都知道“刺猬”法则：

两只刺猬，由于寒冷而拥在一起。可各自身上都长着刺，刺得对方很不舒服。于是它们离开一段距离，但又冷得受不了，于是又凑到一起。几经折腾，两只刺猬终于找到了一个合适的距离，既互相获得对方的温暖又不会被对方刺痛。这个关系在你和下属身上同样适用。

在企业管理界，日本企业具有明显的森严等级制度，上下级之间必须各就各位，上司在被下属之间建立起来的权威是何等的巨大，日本企业在世界所取得的成就也是举世瞩目，还有德国人的严谨与认真，以及中国数千年封建王朝君王与臣子们之间刻意保持的距离等。这些鲜活的案例，让人不由得不相信上司和下属之间保持距离，树立权威的重要性。

我们来看看管理者树立权威，和下属保持距离的重要性以及作用有哪些：

- 可以避免在下属之间引起嫉妒、紧张的情绪。
- 可以减少下属对自己的恭维、奉承、行贿等行为。
- 可以更加客观公正地看待下属，不至于破坏自己的用人原则。

## 你需要下属的大力支持

我们经常会看到这样的情况，一个上司由于太在意自己在下属中间的权威性，常常摆出一副高高在上、颐指气使的样子，对于自己的下属呼来唤去，而这样的上司是不受下属欢迎的，也不会得到下属的任何支持。

领导力，是作为上司的一种影响力、魅力，是使下属情愿的、热心的为实现组织目标而努力的一种力量。从相反的方向来看，它是一种追随力，这也是一个人成功的必要条件之一。没有追随者的人，让别人做什么事都不会很放心，自己必定要对所有事项需要关注。人的精力是有限的，挂一漏万，这样必定有些事情会出乱子。结果，要么是把工作干得挺快，但萝卜快了不洗泥，工作质量一般；要么是工作干得挺好，但总是慢上半拍。这样的管理者在一个组织里上升的空间是不大的。

**专家提示**

作为一个上司，如果你得不到下属的支持和拥戴，你就很难有大的作为。相应地，你也就很难积累起继续上升的资本。能够赢得下属的支持，其实就是拥有领导力。

## 和下属打成一片要这样做

通过以上的分析，可以这样说，作为一个管理者，你需要和下属打成一片，但一定要掌握好分寸，把握好你和下属之间的沟通距离。

那么，作为一个管理者，该怎样才能和下属打成一片呢？你可以从以下三方面来入手：

1. 要平等对待下属

真正有经验、有修养的上司，都能够平易近人，与下属平等相处，只有这样，才能赢得下属的真心拥护和爱戴，才能真正树立自己的威信。

掌握好平等地与下属相处之方法，也就掌握了在公司快速成长的捷径。上司是公司的领导核心，是权力的拥有者，在有些场合，出于工作需要，确实可以强调自己的身份、地位，以利于充分发挥权力的职能作用。但是，作为上司，千万不能因为自己拥有一定的权力就处处高人一等，处处以严肃的面孔出现，给人以居高临下的感觉，这样你的下属就会觉得你面目可憎，从而不愿接近你，你也就难以与下属建立融洽的上下级关系。

2. 对下属亲切友善，具有关怀同情之心

在职场中，上司关心下属既是处于责任，也是一种必备的工作方法。

作为一个上司，你对下属若能亲切随和、笑容可掬，不摆架子，就会使他们感到他们的上司很有“人情味”，他们也会更加努力地为公司效劳，为你分忧担愁。

对下属的关心，不仅仅只表现于工作上的热心帮助，还要体现于日常生活当中，譬如当下属生病住院时，去医院探望；当下属生活有困难时，积极伸出援助之手；当下属生日时，给他以热烈的庆贺，等等。

3. 要虚心听取下属的意见和建议

作为上司，你应该对下属广开建议之门，认真听取下属提出的意见和建议，不管建议是否有价值。当然，对有价值的建议和意见要加以采纳和改正；对那些没有价值的或者时过境迁现在看来已失去价值的意见和建议，也要给予妥善的处理，尽力予以解释和安慰，避免打击下属提建议意见的热情，使他们以后不再开口，“闭塞”了言路。

职场物语

上司和下属如同两只“刺猬”。相互依偎的太近，就会被对方扎着；太远，又得不到彼此的温暖。

# 下属比自己优秀怎么办?

作为管理者,培养下属是你分内的事。但是让你很尴尬的是,一些下属才能出众,气势压人,时常提出一些高明的计策,似乎把你置于无能之辈的位置,很令你汗颜。这种情况下,你该怎么办?是排挤他,还是提拔任用他呢?

## 承认下属比自己强并不丢人

下属比上司优秀,这在职场是一个很常见的现象。作为一个管理者,你首先应该建立这样一种认知:要允许你的下属比你优秀。

事实上,在某一领域下属比上司强很正常,每一个人的能力和才干都是有限的,虽然你的身份是上司,但这并不见得你在各方面都比下属优秀。即使再能干的上司,也要借助他人的智慧,所谓"尺有所短,寸有所长",不是吗?

> **专家提示** 作为管理者的你,一定要勇于承认下属比自己强,这并不是件丢人的事,因为发现和培养人才是你领导力的重要表现。你可以不懂最新的科学技术,但是你却可以进行有效的领导,所谓"闻道有先后,术业有专攻"。

## 鼓励下属超越自己

作为一个管理者,对于比你优秀的下属,你应该具备这样一种心态,那就是:鼓励下属超越自己!

根据一项调查发现,职位越高的管理者,心胸越宽。他们敢于培养下属,让下属超过自己。他们明白，推荐自己的下属不一定会威协自己的利益，反而会给自己争取到更多的晋升机会。当然，自己也必须要不断地进取。

作为管理者的你，要指导下属用一个好的心态去晋升。让他认识到，他的成长就是不断地在专业领域做得最好。要告诉他把自己的基本功打得扎实些，并结合公司的实际情况，让他去理解。当然，在适当的时候，要加宽他的职责范围，丰富他的工作内容。你应该经常表达对他的器重，并对他作出的每一项具体贡献表示感谢。特别是不要错过了表扬他的机会，这种不用花钱的办法，将使你更有把握赢得支配下属的能力，让他对工作保持一种持续的热情。

### 让“能人”为我所用

**专家提示**

带兵要带心，作为一个管理者，你只有真正地关心自己的下属，与下属打成一片，才能赢得下属的充分信任和忠诚，才能高效、高质量地完成管理工作，自己也会有很好的职业发展前景。

下属比自己优秀，这样的事在职场生活中时有发生。有些上司容不得比自己强的下属，唯恐不好管理，显不出自己的能耐，降低自己的权威等，因而往往采取冷落、排斥、拒绝、不予重用的方式。事实上，这是很不明智的做法，你很容易就埋没了一个人才，这于你于公司都将是一个巨大的损失。

如果你是一个贤能的上司，你一定会做这样的选择，那就是——让“能人”为我所用。

无论是什么公司，都会需要各方面的能人，而且能人越多越好。公司拥有能人，那是公司的荣幸；上司拥有能干的下属，那是上司的福分。俗话说，千军易得，一将难求。如果能力出现在你面前，岂有将能人拒之千里的道理？

让能人为我所用，其内容包括三个层次：

第一是要用，给他挑战性的工作，千方百计地调动他的积极性，让他出色地完成工作，让他的潜能得到最大发挥，让他的才华得到施展，给他以舞台和满足感。

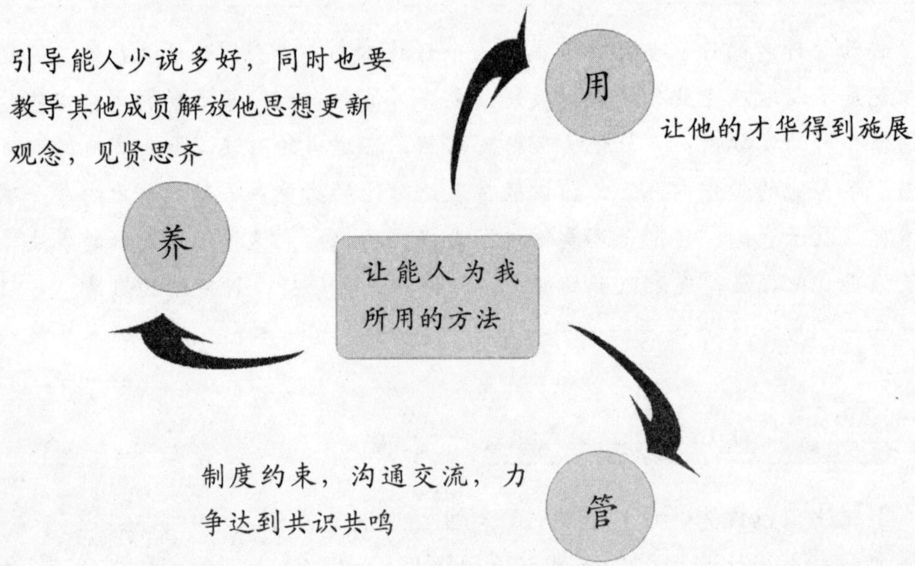


第二是要管，能人毛病多，恃才傲物，有时甚至爱自作主张。因此必须要管，要有制度约束，要多与之进行思想沟通交流，力争达到共识和共鸣。沟通的目的在于相互了解，防止因互不了解而产生误会和用人失当，出现麻烦和损失。

第三是要养，能人往往容易招致公司其他成员的嫉妒，而且能人自身往往把握不住自己的表现欲，过分张扬，这就更容易引起别人的反感。因此能人很容易成为公司其他成员的众矢之的，如果你一味的偏爱，你自己也可能受到攻击和孤立；但如果你顺应公司中其他成员的心理需求，对能人给予打击排斥，能人很可能离开公司或使公司效益受损。

所以，妥善的解决办法就是对能人要采用养的办法。作为一个管理者，你应该引导能人少说多做，除有成绩外，还要善意的有艺术性地帮他改正缺点，同时也要教导其他成员解放思想更新观念、见贤思齐，使你的管理组织形成团结合作、积极进取的健康氛围。这样一来在引导能人和其他成员融合的同时，自然就能养住能人，而且还能涌现更多的能人。

### 职场物语

作为一个上司，你并不一定见得就是“能人”，但你一定要懂得怎样让“能人”为你所用。

# 被下属越级打小报告怎么办?

作为一个管理者，在工作当中，你难免会和下属发生一些矛盾和摩擦。这本来是你们两个人的事情，可是，偏偏下属选择不和你直接对话，而是越过你这一级直接和你的上司打所谓的“小报告”，陷你于尴尬的境地。这时你该怎么办?

## 正人之前先要省察自己

很不幸，你被自己的下属越级打了“小报告”，你当然会心理很不爽。但这时，你千万别急着发火！一定先要弄清楚下属为什么会越过你打“小报告”，是不是自己出问题了，自己有哪些方面没做好，是不是出现了以下一些情况：

◆ 你的部门工作运行不佳，但你加以掩饰，上面的人如果知道了，一定会引起震动。

◆ 你对不尽责的人迁就，却给了他一大堆工作，你对他不关心，也不在乎他到底做了些什么。

◆ 他早该升级了，但是你就不这样做，甚至连提都不提。你知道他比你能干，你既恨又怕，因此不断压制他，老是让他做些吃力不讨好的工作。你不愿让别人知道他杰出的表现，怕他升得比你快，你把他的功劳据为己有。

如果上述情况都属实的话，你真的要深刻反省自己了！你需要摆正自己的心态，纠正自己的行为。

倘若你管理的部门工作运行不佳，出现了问题，要敢于把问题暴露于“阳光”之下，认真加以处理。不然，等到下属打你“小报告”的时候，你会很被动的！

作为一个管理者，要切忌“偏心眼”，不以个人喜好来品评下属。

最为重要的，作为一个管理者，嫉妒下属的成绩，打压下属，和下属抢功，你很难说是一个成功的领导。一个成功的领导，一定是一个“慧眼识才”的人，是一个懂得培养人才的人。

### 小心别踩着地雷！

有这样一种可能，那些越级打小报告的人很有可能是你的老板或上司安排在你身边的眼线。你的老板或上司为之所以在你身边安插他的眼线，就是要搜集平常他们听不到的讯息。老板把钱放到你手里又或者一个上司把几百号人交到你手里，将在外君命有所不受，不给你足够的自主权不行，可给了你自主权呢？你离的那么远，他所有的信息都是你给他的，你到底做了多少事他不知道，你向他汇报的是真是假他不知道，你对他是不是忠心他也不知道。这种信息上的不对称使他没有安全感。他在你下面安一个眼线，恰恰是想打破这种信息不对称的局面。

对于老板或上司的眼线打你的小报告，你若是冒然反制，恐怕最后吃亏的仍是自己。如果你够聪明的话，你一定会这样做：

主动与老板沟通，有误会的地方立刻解释清楚，以免事态扩大，在老板或上司的心中留下阴影，当然在解释的过程中，表现得冷静自若会比捶胸顿足更有大将之风。

多汇报，特别是书面汇报。凡是眼线能向老板或上司汇报的事你自己先汇报（眼线知道的事怎么可能比你本人多？），同时自己做事要有一个原则，凡是重大款项支出或是人事调配都至少有两个人证，这些人证尽可能选老总或上司比较熟的，特别是有私交的。

眼线的存在价值在于能向你的老板或上司提供他们平时得不到的信息，当眼线提供不了给老板或上司平时得不到的信息的时候，其价值自然失去。

职场物语

要想不让下属越级打你的“小报告”,你首先要让他没有“小报告”可打。

# 如何管理同级弟兄下属？

突然一天，以前在一起打打闹闹的同级别同事，突然成为自己的下属。在庆幸升迁的同时，你也面临一些尴尬——原来的“阶级弟兄”有的因此落寞离开，有的渐渐疏远，有的不把你的话当回事等等。曾经的友谊，如今的等级，你该怎么办？

## 公就是公，私就是私

几年前，陆杨刚进入公司，公司里外都是一堆很生的面孔，他急需对公司业务和客户有一个深入的了解。这个时候他发现了一个棘手的问题，原来的这些下属总是有好事的时候在他面前积极表现，但要是有了什么不好的事情总是掖着不告诉他。这给他的工作开展带来了很大的影响，所以他需要一个“自己人”。

当时陆杨正好有一个关系很好的以前同事叶鹏闲赋在家，陆杨就邀请他加入。叶鹏也是比较好强的那种性格，陆杨担心从兄弟式的同事一下子变成上下级关系，会给叶鹏心理上带来一些压力，所以在工作的时候陆杨尽量淡化上司的角色，很少用命令的口吻跟叶鹏沟通。实际上，叶鹏更像是陆杨的合作伙伴。

可能是有感于陆杨给了自己这么一个机会并且对自己的感情投入很多，叶鹏工作起来相当卖力，并且一旦有不利于陆杨工作的事情出现，叶鹏能有效地帮助陆杨解决。在所有的下属里面叶鹏的能力是非常突出的，所以，陆杨给叶鹏充分的授权和灵活的发挥空间。甚至有的时候，叶鹏向陆杨要一些不是他的职位级别所能得到的资源或信息，除非公司要求严格保密的，一般陆杨也不会太避讳叶鹏。

虽然陆杨和下属们的关系都很好，但还是有人很直接的对陆杨提出了一些质疑。他们认为陆杨和叶鹏关系太好了，在工作资源分配上有意偏袒叶鹏。这个时候，陆杨是不作过多解释的，通常会先用一个玩笑或其他方式化解下属们的情绪，然后让他们意识到是自己的能力在某方面有所不足。

正是陆杨和叶鹏之间紧密的关系，在后来的工作中也出现了一些问题。在陆杨逐渐掌握局面后，团队的工作也呈现平稳上升的状态，叶鹏也不像刚开始时那般卖力，导致很多工作执行不力。虽然，陆杨也提升了对叶鹏的要求，坚持量化考核他的工作，但实际效果并不理想。因为叶鹏实在太了解陆杨了，知道碍于两人的关系，陆杨不会做出太硬的事情。

为此，陆杨也跟叶鹏做了很充分的沟通和探讨，陆杨发现叶鹏的这种表现其实是他需要更大的挑战。但因为当时在公司里也没有太多的发展机会了，所以陆杨给了叶鹏一些时间缓冲，让叶鹏去寻找自己向往的事情。后来叶鹏开始自己创业，离开了公司。此后，陆杨和叶鹏一直是很好的朋友。

## 恩威要并施

### 悟 小故事中的大感悟

2005年初，王斌所在的广告公司成立了一个新的部门。考虑到部门刚刚成立很难找到合适的下属，王斌想到了在以前与自己共事过的同事中挖掘，刚好就找到了罗宵。罗宵以前跟王斌共事的时候，由于都是一个级别，关系很放松，经常在一起吃吃喝喝的。王斌一开始认为，好哥们儿肯定能一起做好事情。

罗宵就任后，考虑到自己以前与罗宵的关系，王斌在和他沟通的时候非常平等。而且王斌还告诉罗宵，新部门刚成立，只要表现出色，将来有很大的发展空间。起初，罗宵的工作态度和干劲儿很积极，两人相处的很不错。

但渐渐地，就有了小问题。罗宵喜欢上网打牌，有时候别人正心急火燎等着他的设计稿，他还在网上和网友打得不亦乐乎。王斌委婉向罗宵提出，现在这样做不好。这是王斌第一次用有点教育的口吻跟罗宵说话，罗宵有些不乐意了："看来我还是要从你领导的角度考虑问题。"面对罗宵的不友好，王斌还是坚持自己的观点，坚决不让罗宵在办公时间打牌。

随着业务渐渐步入正轨，部门的人越来越多，而且一个比一个优秀。相比之下，罗宵倒是越来越散漫了，设计作品经常延误交稿，在相同的工作时间内，也比别人活做得少一半。王斌问他怎么回事，罗宵总说自己的作品最难，所以需要更长的时间。

不得已，王斌减少了罗宵的工作量，找一个让他感觉“容易”的作品动手。但罗宵还是最后一个上交。再问他，罗宵说家里有什么事情要处理，总之有很多借口。可能觉得王斌不会处罚他，也可能觉得自己一支独秀的地位受到威胁，在无数次被告诉要敬业之类的话之后，罗宵依旧我行我素，活干得最少，也不求上进。

无计可施之后，王斌决定采用绩效考核方式来约束罗宵，并告诉罗宵，连续三个月绩效考核最后一名，他将被降薪或者降职……

## 距离产生美！

作为一个管理者，你与你的同级弟兄下属保持一定的距离是很有好处的。假如你们还像以前那么近，很多时候不利于你的工作。

保持一定的距离感，并不代表你成为上级后就对他有成见了，你应当对你们之间的友谊更自信。大家一起共事，如果完全抛开与同事的感情，那么这样的管理肯定会缺乏人情的润滑，过于生硬。

通常，当你升级为管理者后，级别比较低的同事会比较你以前和现在的变化，你的变化对他会产生很大影响，甚至他不能接受。当你被提升后，就会明显发觉以前关系很好的同事，在与你沟通的时候不那么真挚了，总有一层隔膜。的确，你现在跟他们开始谈论规章制度，这种变化他们一时还消化不了。

所以，当你成为他们的上级后，首先要对自己的要求更加严格，同时主动找他们沟通，无论是工作的问题还是生活方面的话题，并且还要尽量利用你所掌握的资源为他们创造更多的机会。渐渐地，他们也就不再疏远你了。

当你成为上司后，你要和以前的同事保持适度的间隙，并且真正用心地关注他们、帮助他们。这个过程中，你应该保持好距离感，一方面让下属换位思考，如果在管理者的位置上，他会怎么做，并且表明你的原则和立场；一方面做事尽量公开透明，不会有倾向谁的嫌疑产生。

职场物语

作为一个管理者，当你面对同级弟兄下属时，你要意识到，事实上你们已经有了“距离”。

# 下属是上司的朋友该怎么管？

作为一个管理者，在你的治下会有形形色色，背景各不相同的下属，其中会有这样一种情况：某一下属和你的上司是朋友。对于这样情况，你该怎样做何应对呢？

## 这位下属有背景

张凯是某公司的部门经理，最近他遇到了一件非常头疼的事儿：下属王臣总是故意和自己作对。王臣在公司工作了多年，也是比较有竞争力的部门经理人选。而更麻烦的是，王臣是自己上司陈副总的“亲信”，而且陈副总的爱人又和王臣的爱人是老同学……

而张凯与王臣的恩怨，还要从头说起——

去年，公司采取了360°考核制，在任命干部时要考虑到部门员工的意见。由于张凯为人积极、热情又很谦和，因此与同事的关系相处得非常融洽。而王臣呢，虽然在领导面前是个红人，但是在员工中却不太受欢迎。因此，张凯被任命为部门经理。

耿耿于怀的王臣开始还是面服心不服，工作上虽然是马马虎虎，但是还没出什么大问题。而后来，则演变成了工作上时常出问题，甚至是明摆着就和张凯对着干。

还有一点很麻烦，就是在落选后，王臣更是总去找陈副总诉苦叫屈。于是，走了上层路线的王臣更是难于管理。

张凯了解到这重重问题后，就更是头疼了。虽然陈副总是有名的好脾气，对自己也没有表现出任何不满的态度，但是自己还是有压力。从不善于甚至耻于玩弄权术的张凯，面对拥有背景的王臣又该怎么办呢？

### 还以其人之道？

张凯开始也想干脆以其人之道还治其人之身，自己也走走上层路线，和老总搞搞关系，况且自己也不是没有“资源”——自己和老总是同一所大学毕业的校友。不是有专家说过，要想保护自己，就得和掌握你上司命运的人交朋友吗？即使是有事没事地往老板那儿多跑两趟，哪怕什么也不说，对王臣也能起到敲山震虎的震慑作用。况且，公司管理追求扁平化，越级汇报也不会有太大的罪过。

但是张凯反过来推翻了自己这个念头：“我不能以牺牲自己的形象来对付不好管理的员工，况且这也是对陈副总权威的藐视。我要想在员工中树立和保持威信，绝对不能违背职业操守。我作为部门经理，有责任给员工树立职业榜样。”

这么一想，张凯也就决定心无旁骛地专心“调教”王臣。接下来，张凯开始实施自己对王臣的“改造计划”了。

### 实施“改造计划”

首先，张凯重新把部门编组，业绩考核以组为单位，于是王臣也被编到了一个组里。开始和王臣在一个组的员工还很高兴，甚至没有分到王臣一组的员工还很失望：“能和副总的朋友分到一组，多沾光啊！”王臣这下可高兴了，有机会拉拢组员一起与张凯作对了！王臣甚至私下里请组员出去吃饭、唱歌，一副要另立山头的架势。然而，月底考核时，组员都傻眼了：其他几个组业绩平稳有升，因为谁也不想给小组拉后腿，否则恐怕在部门里也就不好混了。而王臣这组业绩却整体滑坡，收入锐减。王臣期许给大家的美好未来，变成了一张不知何时才能兑现的空头支票。有的组员甚至觉得被拖下水了，伤心、气愤，甚至“我要申请换组”。

终于，陈副总让张凯到他办公室去一趟，老板台背后的陈副总一脸严肃，一副兴施问罪的样子，张凯早就料到会有这天。但是陈副总又不好直接挑明，只能从最近的部门业绩和内部改革问起。

于是，张凯很认真地将自己的设想和实施的分组业绩考核后的情况向陈副总汇报了，并且拿出了改革后的业绩统计，结果是除了王臣一组，其他小组业绩提升都比较明显，而且团队的凝聚力更强，大家的关系更加融洽。

“那王臣那组怎么办？”陈副总问。张凯说：“王臣是老员工了，他有丰富的经验，他这个月的表现一定只是受情绪影响，发挥失常。况且，他有您这样的良师益友，一定可以做得很好的。”

陈副总也没有办法再多问和纠缠，只能说：“你要对部门业绩和每一个员工负责……”

## 与下属推心置腹

接下来的日子，王臣的工作还是不见大的起色，甚至被连累的员工私底下都跟张凯说：我们组不能再留他了，你干吗还用他呢？张凯都只是不置可否。

张凯还是想给王臣一个机会，毕竟王需要一段时间来调整心态，而且王又是前辈，又和自己的上司是朋友，这对自己的部门也是件好事，因为会得到高层的更多关照。“如果每个人都从好的方面去设想一个人，那很多事情都会是不一样的结果。而且，如果王臣的工作表现再没有起色，干脆就不再给他安排工作了，看看最后到底是谁着急。”张凯想。

但是，在这之前，张凯决定先要和王臣进行一次推心置腹的谈心。约好了6点钟茶楼见，然而6点了，王臣没有到，张凯继续等，6点半钟，王臣终于不慌不忙地来了。“来了就好。”张凯暗道。

张凯没有切入主题，或者说根本就没有主题，张凯只希望这个场景就像是两个故人一起叙叙旧。张凯谈到了自己作为北漂一族的心理感受（他清楚王臣也是），那心怀梦想、独闯异乡的豪气；不辞辛苦，白手起家，创造美好生活的志气；自己对这个事业的热爱，以及工作中遇到很多愉快和痛苦……张凯后来提出了希望王臣能成为部门的项目带头人和顾问的愿望，因为王臣是很有灵气的人，他也有意无意地让王臣知道了陈副总找过自己的事。

总之，这是张凯的最后希望了。他希望王臣可以了解自己的苦心，或者是要么好好干，要么继续混下去，要么就干脆另谋高就吧。

第二天的例会上，前一阵子一开会就打盹的王臣开始聚精会神了，偶尔还会发个言，提个想法，这不仅让张凯很惊喜，也让其他员工很惊讶……

职场物语

作为一个管理者，对待一个“有恃无恐”的下属时，明智的做法就是让他“无恃有恐”。

# 怎样与同事处好关系？

某县一农民，天天喂猪吃泔水，结果被“动物保护协会”罚了一万元——因为虐待动物。

后来农夫改喂猪吃天山雪莲，结果又被“动物保护协会”罚了一万元——因为浪费食物。

有一天，领导又来视察，问农民喂什么给猪吃。

农民说：“我也不知道该喂什么才好了，现在我每天给它一百块钱，让它自己出去吃。”

职场三十的你，在职场混迹已经有一段年头。在办公室政治中，你可能要面对三种人际关系：与上司的关系，与下属的关系，与同事或同级的关系。其中，与同事或同级的关系对你来说，也许相对来说是比较难的。这是因为你和同事或同级的关系中既有竞争，又有合作。你如何拿捏好与同事或同级的关系，往往决定着你的职场发展。

# 要不要和同事做朋友?

很多职场人士都会有这样的疑问：与同事相处，到底该保持什么样的关系？是要好的朋友，还是仅止于工作上的合作伙伴？怎样和同事相处才能在既做好工作的同时又保持关系的和谐。

## 很多人都说同事不能做朋友

在职场中，有这样一种说法，那就是不能把同事当做朋友。

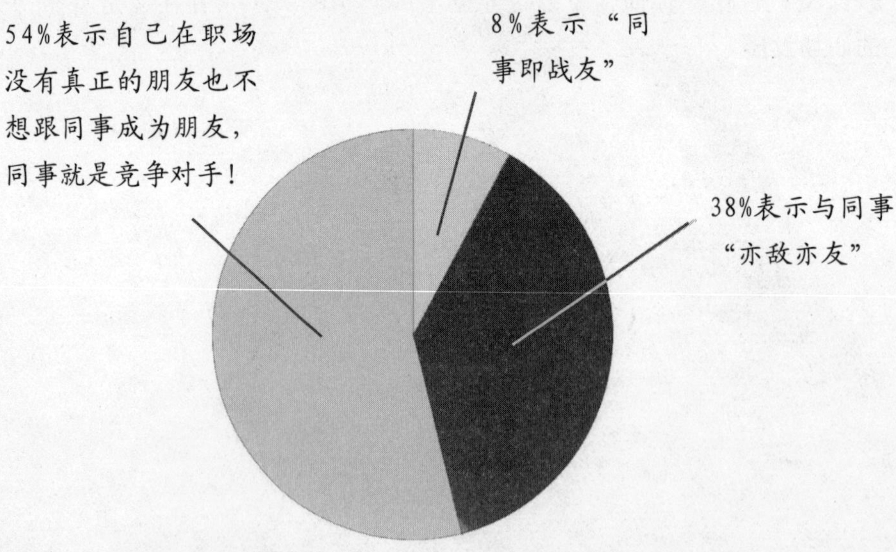

其原因无外乎同事之间存在着竞争关系。在中国有句俗话："朋友多了路好走，多个朋友多条路。"然而，这种处世原则在现代职场中却"行不通"了。针对"同事能否成为朋友"这一问题，国内一家大型人才机构曾对职场白领人作过一项调查，结果显示：38%的受访者与同事"亦敌亦友"；8%的受访者表示"同事即战友"，希望和同事共同奋斗；但54%的受访者表示自己在职场没有真正的朋友，也不想跟同事成为朋友，他们认为职场如战场，同事就是竞争对手，跟同事做朋友只能给自己埋下"定时炸弹"。

通过上述调查我们不难看出，同事不能做朋友的说法似乎非常有道理。

## 你需要工作上的同事朋友

然而，同事真的就不能做朋友吗？

在现实的工作当中，面对排山倒海而来的工作压力，你是不是希望身旁有一个真正了解你工作环境与内容的人，像好朋友一般地听懂你的抱怨、和你气味相投地一起大发牢骚、工作不顺心时实时给你支持与温暖？

你的心理说明你非常需要一位工作上的同事朋友。事实上，你也应该在工作中寻求到朋友。也就是说，你和同事可以是要好的朋友。这通过一项调查研究也已经获得了证实——

美国知名的管理顾问公司盖洛普自2004年开始针对友谊与工作满意度之间的关系进行研究与调查，并将结果公布在其出版的《不可或缺的朋友》新书中。经过他们的研究发现：

在工作上拥有要好朋友的职员，回答工作有热情的比例是其他没有好朋友的职员的7倍。在工作环境中没有要好朋友的人，认为自己工作有热情的比例仅有8%。

一旦工作伙伴之间建立紧密的朋友关系，职员满意度会大幅提高将近50%。

在工作上拥有至少3位好朋友的人，工作与生活满意度提高的幅度更为显著，分别是46%与88%。至于在工作上拥有一位以及两位好朋友的人，两者的工作与生活满意度没有明显差异。

让友谊为你的工作加分!

拥有要好的工作伙伴，确实能让人们更投入工作，提高工作满意度。然而，当彼此之间成了好朋友，问题也随之而来。当两者发生冲突时，你该以朋友为重，还是工作优先呢？你应该如何在不破坏彼此关系的前提之下，顺利完成工作呢？

美国社会学家珍·亚格指出，工作伙伴之间其实存在两种关系：一是工作或职务关系，二是朋友关系。然而，我们往往将这两种角色相互混淆，产生许多问题。因此，在面对职场上的友谊关系时更要小心谨慎。如果你希望工作上的友谊为你的工作加分，必须把握以下4大原则：

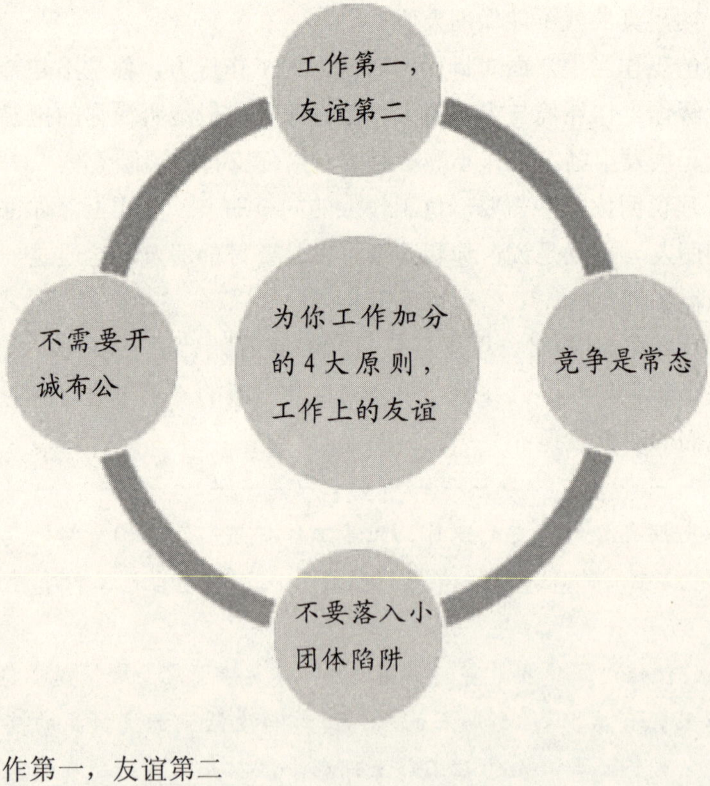


1. 工作第一，友谊第二

不要误会，这并不是要你为了工作而牺牲友谊，正确的意思是不要因为友谊而破坏工作的规范。在工作上，每个人都有清楚的职责，必须为自己的工作负责，不应该私相授受。同事之间相互帮忙固然是好事，然而如果事关重大，就不能只是透过私底下请托。比较好的方式应该是由他和主管讨论出解决的方式，即使你愿意帮忙，也必须是在主管知情、且同意的情况下。

2. 竞争是常态

许多人对于职场有某些不切实际的美好期望，总认为朋友之间不应该有竞争之心。事实上这是一种不理性的思维。在职场中，就算再好的朋友，也必须面对相互间的竞争。不过你无须把这种竞争关系看做是负面的，它可以是良性的竞争。就如同运动场上的竞赛一样，比赛时，敌对的球员相互捉对厮杀，互不相让，但下场之后仍是相互谈心的好朋友，因为他们能区分场上与场下时不同的角色扮演。同样的，你也应该分清楚工作与朋友两种不同的关系。一旦有好的机会，就应该去争取。同样的，也不需要因为同事这么做而感到不舒服。

3. 不需要开诚布公

朋友之间不就是应该要彼此坦诚？没错，但并不适用工作上的朋友关系。

在工作场所中，即使是非常要好的同事，也要注意自己说话的内容。交情好不代表你必须完全表露自己，因为我们无法掌控别人是否能百分之百正确理解或解读我们所说的话以及讯息的流向。保有隐私，只是为了避免产生不必要的误会，影响工作。同样的，你也不应该利用彼此的交情，希望可以借此取得不该取得的信息，这么做只会带给对方压力，伤害彼此的友谊。

4. 不要落入小团体陷阱

要切记，不要只和自己要好的同事有互动，也不应该将个人的好恶带入工作中。面对那些你觉得话不投机甚至不喜欢的人，虽然无法成为好朋友，但并不代表彼此之间不能建立很好的工作关系，反而更应该找机会多多接触这些人，培养工作默契。

职场物语

在工作中，一定要记住：工作第一，友谊第二！

# 遭到同事的“小广播”该怎么办?

在同事里常常有这样一些人:他们到处散布别人的“隐私”,每天不是东家长就是西家短,没完没了,让人厌烦。这些人或许只是没事练练舌头,或者增加一点饭后的谈资,但其言词却对造成了很大的麻烦。这时,你该怎么办?

## 流言蜚语爱“粘”谁?

对大部分的职场人士而言,在办公室里对工作情绪影响最大的事,莫过于听到跟自己有关的“八卦”。有的人听了一笑了之,有的人却为此心中不安,甚至神经衰弱彻夜难眠。那么,办公室里最容易被流言击倒的是些什么人呢?

1. 人格不独立

人格不独立的人很容易被流言伤害,他们不曾真正正视过自己,几乎所有的自我评价都是以别人的评价为参考。他们总认为“别人说我行,我就行;别人说我不行,我就不行”。如果他们将流言当成同事的公论,就会怀疑自己的能力,有的人甚至自暴自弃。

2. “公主情结”和“王子病”

“公主情结”和“王子病”——从来一帆风顺让他们凡事都要求尽善尽美。一旦遭到挫折,他们在心里已经先把自己骂个半死,再加上别人冷嘲热讽,挫折感更加强烈。

3.渴望升职的人

这样的人会将个人发展分为长远目标和近期利益，为了实现长远目标，常常不惜牺牲自己的当前利益。比如，为了维护形象，一个仕途宽广的人可能会尽量杜绝绯闻出现。富于心计的他们习惯计算职业生涯中的成本和收益，并由此做出选择。这样的人往往能够保持谦谦君子的公众形象，但一旦他们的心计被人看穿，流言也就随之而来。

以上三种人，你属于哪一种呢？

## 流言止于智者

一般来说，惹上流言的人大部分都是在办公室里表现优秀的人，因此难免会受到一些平庸之辈的打击和排挤，而流言正是平庸之辈惯用招式之一。那么，倘若是你，正处于流言的漩涡之中，你该如何从容应对呢？这里为大家介绍几种方法。

1.保持镇定

切忌在流言面前暴跳如雷，大吵大闹，那样只会于事无补，反倒给上司留一个遇事急躁、缺乏沉稳的坏印象。流言决非空穴来风，静下心来寻找一下源头，寻求解决之道。谨记，流言面前保持微笑、冷静对待，要比捶胸顿足泪雨滂沱要好得多。

处于流言漩涡中应如何从容面对?

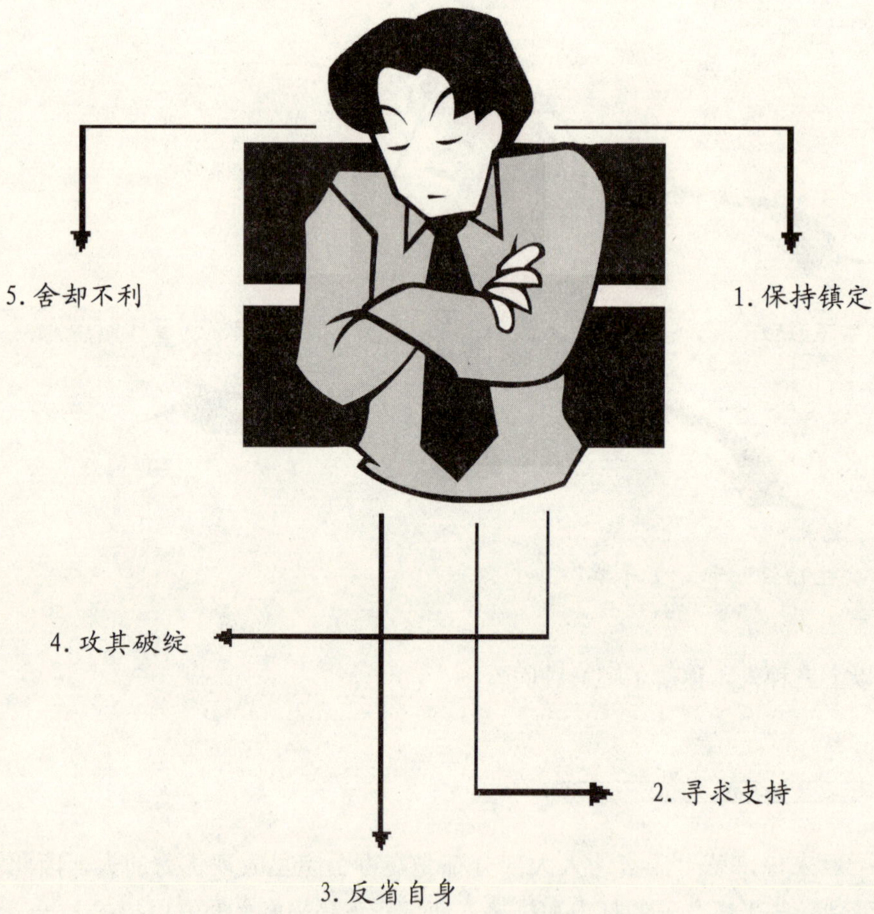


2. 寻求支持

单枪匹马笑对流言，虽说显示了为人坦荡一面，但毕竟会让自己陷入孤立无援的境地。主动出击，寻求支持，争取绝大多数的同盟，才是彻底战胜流言之道。需要指出的是，除了积极主动寻求上级支持外，向下寻求支援也极为重要。

上司在流言面前总会以下属意见为参考，下属意见有时会起到一言九鼎之功效。

3. 反省自身

苍蝇不叮无缝的蛋，流言的出笼是否真的与自己哪方面做得不妥有关？如真的是自己哪方面处事不公，为人不仁，乃至做了有悖良心的事，不妨当面认错并改正，求得公众的谅解与支持，让流言降温或熄火。

4. 攻其破绽

扎紧了自己篱笆后，接下来就可以主动出击，驱赶流言。流言最怕真理和阳光，摆出事实和真相，敞开大门说话，就会给流言以致命一击。

5. 舍却不利

不可否认，所有流言或多或少与“利”字挂钩，难以分开，如果你舍弃小“利”或置身“利”外，则可有效回避流言。当然，这里的舍弃是有效舍弃，是以退为进，否则就中了造谣者的圈套，自己也得不偿失。

## 流言也是一种力量

事实上，任何事物都有其两面性。与其说流言是把“软刀子”，不如说流言也是一种力量——流言经过你巧妙炒作后可以帮助你得到实现职场生涯梦想的力量。你可以借此提升自己的人气指数，成为升职加薪的利器。

比如这样的流言：“某公司一直想挖你过去”，这会大幅度提升你在老板心目中的价值；“没人比我更见多识广，你见到我的能力正如冰水一角”，会让别人对你本身就有的敬佩更增添十分想象，以为你真的样样都行。

要知道，大多数时候，只有会吵的孩子才有奶吃。让别人知道你的努力很重要，“炒作”一番争取别人的注意也是必要的。但炒作要巧妙，要有点故意又不能太显山露水，千万记住不要玩过头，一旦你的炒作太过夸张，便很容易被揭穿，而导致你的可信度一落千丈。

职场物语

流言能不能伤害你，关键要看你是不是一个智者。

# 同事把你的功劳抢去了该怎么办？

抢功，是职场很普遍的一种现象，尤其是在同事之间。混迹职场，你难免就会遇到同事把你辛辛苦苦建立的功劳抢去的情况。面对这种情况，你该怎么办？

## 抢功是职场的正常现象

抢功可说是职场的一个流行词。一个人被抢去功劳，其原因以及表现一般是这样的：

在一些分工不明确或者职责不清的公司，有时候一个人会承担好几个职位，经常会出现同事之间抢功的事情。有时事情干一半，被调去干别的事情，结果都是别人的功劳，或者由于各人的沟通方式不同，理解能力不同，常常会出现自己辛辛苦苦干的活却被别人抢了功，心理不平衡。同事抢功还会引起办公室矛盾，影响工作。

有些人怕被别人抢功，做事情之前先表现，恨不得让大家都知道，这是和同事抢功的一种表现，会让同事对你产生戒心；有些人，与世无争，只会默默地干活儿，功劳都归别人所有，上司却认为你什么都没有干；有些人只在上司在的时候干活儿，看着活儿好像都是他干的。

### 被同事抢了功你该怎么办?

那么，面对同事的抢功，你应该如何去应对呢？这里为大家提供几种应对之道，以资借鉴。

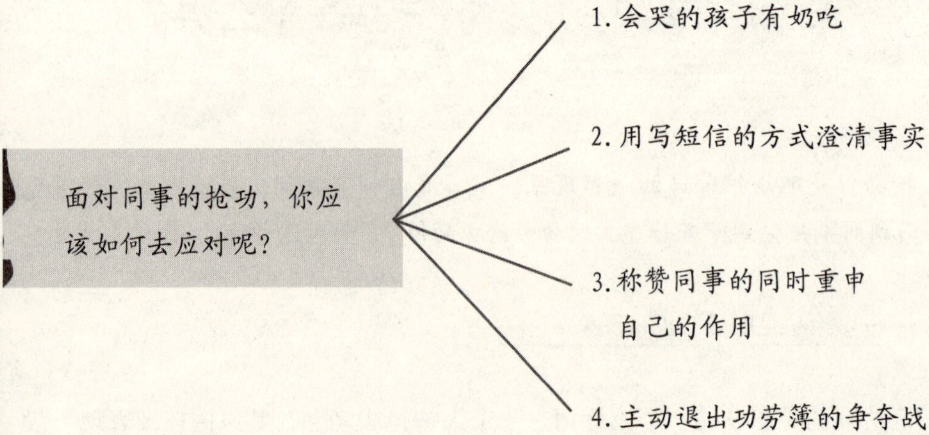


1. 会哭的孩子有奶吃

有些时候，你做了什么，就应该理直气壮地让人知道，没有必要有太多的顾虑。在万不得已的情况下，与对方摊牌还是有必要的，让别人知道你有你的原则，你有你的底线。同事之间天天见面，和谐相处当然很重要。但是那样的同事，如果约法三章都不奏效，甚至还恶人先告状的时候，你就不能再忍了！

2. 用写短信的方式澄清事实

有些时候，为自己讨回公道而直接面对面地澄清并不是一种好的方法，特别是面对你所熟悉的人，稍有不慎，就可能引发争执，伤害彼此的感情。采取其他委婉的方式可能会更好，比如写短信。信的内容和措词不能破坏对方的情绪，不能让对方产生不快。写信的主要目的是要委婉地提醒一下对方，自己当初随便提出的想法，是怎样演变到今天这个令人欣喜的样子。在信中适当的地方，可以写上有关的日期、标题，可以引用任何现存的书面证据。在短信的最后你可以建议与同事进行一次面对面的讨论，这是很重要的，这能让你有机会再次含蓄地加强一下你的真正意思，这主意是你想出来的！

3. 称赞同事的同时重申自己的作用

你可以毫不吝啬地对这个同事“独一无二的才能和见解”大加赞赏，让他的内心产生羞愧之感，让其主动放弃这个“鬼把戏”。当职业女性遇到这种事时最好使用这种方法。很多研究发现，女性职员喜欢从“我们”的角度而不是“我”的角度来做事，所以她们的想法和首创就常常会被男性同事借用。因此，当女性职员用一种特有的口吻称赞这位借用她的智慧的男性职员时，碍于大男人的面子，他还是会见好就收的。

4. 主动退出功劳簿的争夺战

明明是自己的智慧被别人利用，却拱手相让、主动退出，这似乎不是一种很好的方法。这好像是在助长不正之风。但是，有时这或许是最好的选择。此时此刻，你应该问一问你自己，哪个更重要，是拥有想出这个点子的名誉，还是倾力于把这个好点子付诸实施？显然，仅仅挣一个好名声，毕竟是比较虚的，重要的是想办法将其付诸实施，并取得一定的成效，这样，反而从侧面证实了这个好点子的真正来历。由此看来，有些时候，退出争夺战显然是明智之举，是上上之策。

## 要懂得与同事分享功劳

被同事抢功和抢同事的功，这显然都是不好的现象，很容易会引起同事之间的矛盾和纠纷。事实上，在很多时候，工作上的事情都需要靠你和同事的共同努力才能办得了。因此，功劳也应共同分享。一个聪明的人，一定会懂得这个道理，乐于和同事一起分享功劳。

有些时候，即使是你凭一己之力得来的成果，也不妨大度地拿出来和你的同事一起分享。别担心你所扮演的角色会被人遗忘，因为你的所作所为在上司眼中瞧的清清楚楚，如果自己一味卖弄、夸耀，反而会落得邀功之嫌，当然，同时也会觉得十分无趣。

相对的，如果你大大方方地和同事分享功劳，一方面可以做个顺水人情，另一方面上司也会认为你很懂得搞好人际关系，而给你更高的评价。不过卖这份人情的手法必须要做得干净利落，不可矫柔造作，更不可对同事抱着“施恩”的态度，或希望下次有机会讨回这份人情。所谓放长线、钓大鱼，将目光放远才是上策。

职场物语

一个聪明的职场人，是不介意和同事分享自己的功劳的。

# 同事妒忌自己该怎么办?

在职场中，多数追求上进，追逐成功的人都会不同程度地遇到过嫉妒者的困扰。当你有些功绩后，你的同事就会心生妒意，甚至采取一些恶意性的手段攻击你，使你蒙受损失。那么，对于同事的妒忌，你该怎么应对才好呢?

## 职场嫉妒心理的特征

嫉妒心理，是职场差别和比较所产生的不平衡产物，属于一种内心情绪的非正常体验。因为嫉妒而滋生不满、怨恨、烦恼、敌对的情绪，产生消极的行为反应，所以嫉妒是破坏性的。它是职场人际关系的大敌。职场心理学家把这种人的心理状态分析出如下三个特征:

1. 有明确的指向性

嫉妒心理的指向性往往产生于同一部门的同一水平的人中间，主要是因为嫉妒心理者是一种以极端自私为核心的绝对平均主义者。因为曾经“平起平坐”过，或是曾经“不如自己”

过，如今成了“能干”者，所以使嫉妒者产生抵触和对抗。这种人群在职场为数最多。

2. 不断发展的发泄性

一般说来，除了轻微的嫉妒仅表现为内心的怨恨而不付诸行动外，大多数的嫉妒心理都伴随着发泄性行为。主要有三种方式：一种是言语上的冷嘲热讽；一种是行为上的冷淡，疏远被嫉妒者；一种是具体行为，或是攻击性强的行为。

3. 不易察觉的伪装性

由于社会道德的威力，嫉妒心理为大多数人所不齿，使嫉妒心理一般都不愿直接地表露出来，千方百计地伪装，企图使人不易察觉。如本来是嫉妒某人的某一方面，却不敢直言，故意拐弯抹角地从另一方面进行指责或攻击。

## 化解同事的嫉妒

如果你在职场遇到嫉妒你的人，显然给你的成功期待平添不少烦恼。但嫉妒者并不是一块不可雕的朽木，如果你能和他形成有效的沟通，并且主动调整自己的心态和行为方式，使他改变对你的态度，也不是不可能：

1. 改变自己的思维方式

所谓“不招人妒是庸才”，能招人妒忌也不是丢面子的事。你要把被人的嫉妒看成是成功的动力，你若一无是处，岂会有人嫉妒？这样想，遇到委屈时便不会着急上火，始终保持平和的心态。有智者说，如果你被人嫉妒，说明你做得还不够好！所以，当我们发现别人在嫉妒自己时，我们一方面应当高兴，因为这证明自己很出色；另一方面，别忘记更加努力提高自己。你只比别人强一点，别人嫉妒你；当你比别人强很多，并让众人望尘莫及时，众人只能佩服你。在心理上高姿态的同时，记着保持谦逊的举止，这对那些见不得你出色的人，也有一定的安慰作用。

2. 以情感化

以爱化恨法主要是以真诚的爱心去感化嫉妒者，从而消除和化解嫉妒。老百姓常说，“恨是离心药，爱是黏合剂”。因此，当你遇人嫉妒时，如果能够以德报怨，用爱心去感化嫉妒者，怨也就自然会化解了。

3. 说服鼓励

有些嫉妒是因误会而产生时，需要进行说服和交流。否则，误会越来越深，以至于严重干扰和破坏正常的人际关系。在说服时要注意心平气和，也要做好多次才能说服的准备。此外，对嫉妒者还要采取鼓励的态度。因为嫉妒者是在处于劣势时产生的心理失落和不平衡，所以对嫉妒者采取鼓励的态度十分必要，主要是客观地分析他的长处，而且还要在力所能及的情况下，为嫉妒者提供相应的心理帮助，使对方在提升自信力中，自觉地弱化嫉妒心。

### 写给职场女性

常言道，男人妒才，女人妒色。在现代竞争激烈的职场环境里，女同事之间的嫉妒犹为突出，在一些职业女性看来，自己办不到的事最好别人也不要办成，自己得不到的东西最好别人也不要得到。在职场里，女人之间不光是妒色，更多的是妒才。

遭人嫉妒虽然不全是坏事，但必须谨防“枪打出头鸟”，如果你遭人嫉妒，该怎么办?

要做女同事欣赏的职业女性，首先要学会巧妙地消除其他女同事对自己的嫉妒。以下几点建议可供大家参考:

**专家提示**

在工作中你如果是个突出的女人，可能时刻地会感受到嫉妒的存在。嫉妒你所处的职位、工作能力以及受上司的赏识程度;乃至你的容貌、衣着;甚至家庭经济状况等等。

1. 化嫉妒为感谢

如果在同事当中有人因你的美丽仪表风度而忌妒你，不妨把你的美容方法传授给她，根据她的个人条件指点她的穿戴，让她变得优雅起来。当她因为你的指点而得到别人赞美时，她会非常感谢你的。

2.化嫉妒为同情

如果你是一个出类拔萃的职业女性，在工作中可能有很多女同事忌妒你，尤其是那些年纪比你大，资历比你深的人，更会以为将要获得晋升的应该是她而不是你！

但是请你先别生气，先别痛心，千万不要以为她们的情绪反弹是专门冲着你来的，要理解她们失意的心情。同时，你要多编造或挤出自己生活中许多还不如她们的“隐情”，告诉她们你是多么的苦恼或不幸，假说什么丈夫冷淡啦、孤独寂寞啦，等等。让她们觉得你其实也不容易，有些地方远不如她们。而且你要切忌张扬，谦和地夹起尾巴做人。以此唤起忌妒者心理的平衡，反而对你会生出些好感或同情来。

3.让出名利

有一些女人与同事的关系不好，是因为过于计较自己的权益，老是争求种种的“好处”，时间长了难免惹起同事们的反感，无法得到大家的尊重而且这样做总在有意或无意之中伤害了同事，最后使自己变得孤立。而在事实上呢，这些东西未必能带给你多少好处，反而弄得自己身心疲惫，并失去了良好的人际关系，可谓是得不偿失。如果对那些细小的，不大影响前程的好处，多一些谦让，一些荣誉称号多让给其他同事等等，再比如与他人共同分享一笔奖金或是一项殊荣等等，这种豁达的处世态度无疑会赢得人们的好感，也会增添你的人格魅力，会带来更多的“回报”。

职场物语

被同事嫉妒，正说明你有长于他们之处。面对嫉妒，切记要以情化之！

# 如何让后来的新人拥戴自己？

通过观察总结，我们不难发现，在职场中有成就的人都有一个共同点：他们都无一例外地受到晚辈的敬慕。作为一个职场老员工，无论你的声誉多好，倘若晚辈对你的评价不高，对你不支持、不信任，你就很难做出成绩，相应你也就很难向上爬升。那么，作为一个职场前辈，你怎样做才能让后辈拥戴你呢？

## 为什么你和后辈的人际关系不融洽？

作为职场前辈，你和后辈的人际关系不融洽，这或许和你长期以来形成的对后辈的错误观念和做法有很大的关系：

1. 我是前辈，所以高高在上

作为职场前辈，无论是谁都会竭尽全力地教导分配在自己手下工作的晚辈和新人。但有些人过于以前辈自居，认为只能是自己教晚辈而自己不可能从晚辈身上学到东西的，高高在上的心态会使你的人际关系不融洽。

2. 过于要求完美无缺

你可能是一个完美主义者，过于要求晚辈尽善尽美，在晚辈没能像你要求的那样做好工作时，便向晚辈发脾气、固执己见的话，不仅无法使晚辈提高工作效率和质量，反而会使晚辈更紧张而对你产生畏惧感，从而工作效率和质量益发不如从前。

3. 认为晚辈完成工作理所当然

你或许认为，工作就是做事，处理问题。当晚辈出色地完成了一项工作，你也认为这是理所应当的事。事实上，无论是谁都有被赞扬和被承认的愿望。如果你能对晚辈所做的工作及时给予赞扬或肯定，晚辈就会更加信心十足地工作，再上一个台阶。

4. 对晚辈的要求一味地宽松

因为晚辈缺少经验，所以偶尔发生差错是正常的。可是作为前辈看到晚辈的错误却不给予批评和纠正，这不是“和蔼”。虽然晚辈会认为你是位和蔼的前辈，可是绝不会认为你是能够信赖的前辈和值得尊敬的前辈。

5. 认为晚辈很快就会熟悉工作而采取放任的做法

我们经常能听到有些前辈在指导晚辈时说“没关系，你很快就会熟悉的”或“不用学，慢慢就会了”。你对晚辈姑息很可能使晚辈产生工作惰性，当他慢慢觉得什么都做不好的时候，他很可能就会对你产生抱怨。

6. 把同事和好朋友混为一谈

前辈也好、晚辈也好，都是在同一家公司工作的同事，应该相互了解和支持；可是一定要牢牢掌握“公”与“私”的区别，在工作中聊天，说些闲话或上司的坏话，结果不注意连工作上的机密事项也说了出来，这就是太过荒谬的错误了。把同事和好朋友混为一谈是极其错误的。

## 不吝赐教你的工作方法

作为一个职场前辈，在与晚辈的人际关系中，工作占有很大比重。当晚辈有问题问你时，作为前辈，你一定要耐心给予指导，帮助其在职场中快速成长。在对晚辈进行工作指导时，你应该注意以下几点：

1. 教给晚辈工作的目标和方向

要让晚辈知道为什么要做某件事，你要先说明工作的整体方向和目标，而不是局部的方向和目标。

2. 不能一下子教授过多的内容

在教晚辈工作时，不能一次就急着全部教完。因为一个人不可能一下子掌握过多的内容。在教授工作时不能操之过急，要循序渐进地教。

3. 一边了解对方的理解程度一边指导

在说明完一个问题之后，要检查一下晚辈是否真正了解和掌握了。即使晚辈说：“嗯，明白了。”也不一定确实明白了，只有让晚辈详细回答才能确定其掌握程度。

4. 学习者本人的努力至关重要

在讲解时若学习者本人只是用耳朵听而没有用心体会，再出色的讲解也将毫无作用。所以，最初就要让其养成做记录的习惯。即使是在做记录之后再掌握也不算迟。

5.错误之处要让他自己改正

讲授过程中，当晚辈出现错误时，前辈自己修正是最快捷的途径；可是这样往往会使晚辈永远也掌握不到工作的要领。比如：在填写票据出现错误时，前辈不要自己改正，要教给晚辈正确填入数字的方法，让其自己改正。

## 批评和赞扬后辈是你义务

作为职场前辈，你有义务对后辈的工作表现给予批评或是表扬，这能使后辈发现工作中的不足，提振其工作士气。正确有效的批评或是表扬，会让后辈对你更加尊重，更加拥戴。

1.批评后辈

后辈在工作中出错了，该批评的时候一定要批评。否则，他就可能意识不到自己错误而一直错下去，这对你对他都可能造成不良的影响。

在批评后辈的时候，体现善意是基本要求。在这一基础上，你应该掌握好以下几个要点：

◆ 说明批评的理由。这其实就是一种批评式的忠告，譬如：“这里不对，这会给其他人添麻烦；这样做才对……”

◆ 批评要考虑场所和时间。特别要避讳当着众人的面批评；要在双方都比较冷静的时候进行批评。

◆ 用谦虚的态度批评。要能设身处地想一想后辈的处境然后再批评，这样就不会成为感情用事的批评，对方也就能够虚心接受了。

◆ 要听听对方的意见。批评是为了让出现错误的人反省和改正错误，先听一听对方的意见非常重要。

◆ 批评之后，缓解双方的气氛。你可以主动亲切地和受批评的后辈打招呼，以打消其不满情绪，迅速忘掉昨天的不快，和以往一样与你和睦相处。

2.赞扬后辈

赞扬后辈时最重要的是，要用自然、真诚的感情赞扬。若尽说些恭维话，过分夸奖晚辈，对方就会觉得你很虚伪，反而并不高兴。

你可以用以下方法对后辈给予赞扬：

◆ 直接的赞扬。发现后辈有值得赞扬的地方要立即赞扬，比如他帮你做好一件事，你一定要表达你的谢意。

◆ 间接的赞扬。你可以在后辈不在的场合，对别人夸奖他说："幸亏×××在，帮了我很大的忙。"如果夸奖的话能传到他的耳朵里，比起当面直接的赞扬，会使后辈更加高兴。

◆ 经常观察晚辈的工作情况。如果只是交给后辈工作任务，而对其工作情况毫无所知的话，会让后辈感觉很不安。所以，平时一定要多留心观察后辈工作的情况，哪怕有点滴的进步，也要给予赞扬。这样做，让后辈知道你对他的"信赖"，后辈工作起来会更加有干劲。

职场物语

长江水，浪打浪，后浪催前浪，不见得就把前浪拍死在沙滩上。

# 怎样和自己的上司相处?

一个开发公司的两名职员正发牢骚。甲说:“经理真的可恶,天天想办法整我们,今天他鼻青脸肿,一副狼狈的相来上班,真是活该!”

乙说:“果然不出我所,今天终于挨他老婆的整。”

甲说:“你怎么知道他是挨了他老婆的整。”

乙说:“因为每次他都无端地指责我,我就寄张女人照片给他老婆。”

可以这样说,每一个身处职场的人,你所有的荣誉、地位、金钱都来源于你的上司。对于职场三十的人来说,无论你仍是一个老员工或是摸爬滚打混上了一官半职,与你的上司搞好或加强关系都是必不可少的。只有赢得上司的肯定和青睐,你才能在职场平步青云,春风得意!

# 要不要“拍马屁”？

“拍马屁”就是指奉承别人的意思。在和上司打交道的过程当中，“拍马屁”往往是你讨好上司，和上司拉近关系的有效手段。

## “拍马屁”是与上司沟通的必要

下面是一则关于“拍马屁”的小故事：

### 悟 小故事中的大感悟

唐僧取得真经后的一天，如来问唐僧：“在你的三个徒弟中，你最喜欢哪一个呢？”

“八戒。”唐僧答道。

“八戒的个人能力是最差的，又有不负责任等缺点。你为什么最喜欢他呢？”如来不解地问。

唐僧答：“我喜欢他最重要的原因是，他比较喜欢溜须拍马。一个领导者，不可避免地会对一个总是夸赞他的手下产生好感甚至依赖感。”

可见，拍马屁所产生的溢美之辞有种让人难以抗拒的魔力。

在中国人的观念中，“拍马屁”是个贬义词，一般都与点头哈腰、阿谀奉承联系在一起。在道德层面上，毫无原则或者没有根据地吹捧某人，确实令人感觉不快。然而，在职场上，“拍马屁”是个不需要避讳的话题。因为，这是“向上管理”的必要手段。

这里所说的“向上管理”，是指通过建立有效的沟通渠道，让上司理解下属的立场与想法，也使得下属能够接受上司的观点。作为下属，先把自己专业上该达成的水准做到，然后在与上司相处的过程中，了解他的个性与要求，培养双方工作的默契，这其中，不失原则地“拍上司马屁”是增进沟通的有效办法。

其实，上司通常是“孤独”的，他会希望下属能向他敞开胸怀，及时全面地反馈完备的信息，以取得共鸣或者得到修正。非常到位的“拍马屁”，恰恰能够满足领导的这些需要。

### “拍马屁”千万不要“惊马”！

身处职场，与上司打交道，你必须学会拍马屁。因为没有上司的欣赏和提携，你想要成功简直难如登天。这时候，你就要给领导留下良好的印象，要让他感受到你是他的忠诚、负责、努力同时有绩效的下属。这样，“拍马屁”便

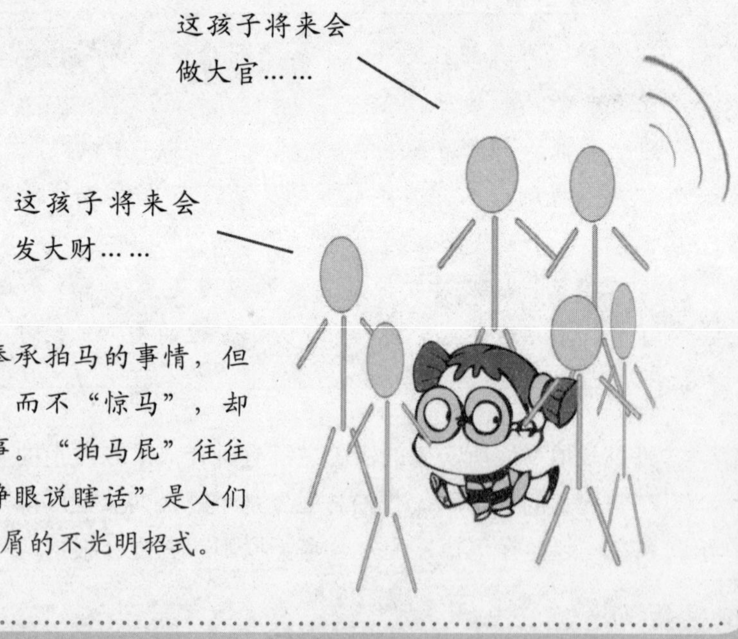


人人都做过某种奉承拍马的事情，但要做到“拍马屁”而不“惊马”，却不是一件容易的事。“拍马屁”往往会夸大其辞，“睁眼说瞎话”是人们深恶痛绝、鄙夷不屑的不光明招式。

成为一门大学问了。

那么，作为下属，上司的“马屁”究竟要怎么拍呢？

总结而言，拍上司“马屁”，无论你怎么拍，都要始终坚持一点原则，那就是“拍马屁”而不“惊马”。

从古到今，奉承话人人会说，且大都说过，换句话说，人人都做过某种奉承拍马的事情，但要做到“拍马屁”而不“惊马”，却不是一件容易的事。“拍马屁”往往会夸大其辞，“睁眼说瞎话”是人们深恶痛绝、鄙夷不屑的不光明招式。要是你碰上明智的或自卑感较浓的上司，反而会认为你在说“反话”嘲讽他，他会让你吃不了兜着走。

在现实生活中，逢人便说好话，说套话，说吉利喜庆话，已是司空见惯的风气，实际上这就是“拍马不惊马”的普遍化和生活化的表现。鲁迅先生曾讲过一个故事，说一家人给新生儿做满月的时候，请了很多人，大家都说了一些祝福吉利的话。有人说：“这孩子将来会做大官。”有人说：“这孩子将来会发大财！”有人说：“这孩子会长命百岁！”只有一个人说：“这孩子将来会死的！”结果，说孩子会死的人挨了一顿揍，其他人则拿着了红包。其实，任何一个婴儿从他呱呱坠地之时起，就已注定了最后必定死亡，这是真话，但没人愿意听这样的真话。而“长命百岁”、“吉祥一生”的祝福话语，当然谁都爱听。

**专家提示**

不过，你要注意，拍马屁并非多多益善，它不是包治百病的灵丹妙药。很多时候，拍马屁的人都很可能被上司狠狠“踢一脚”。因为不是每个上司都喜欢被拍马屁，毕竟上司比一般人精明得多，社会阅历也丰富得多，一眼便能看穿你巧言令色背后的意图。

### 悟 小故事中的大感悟

历史上的大奸臣秦桧是一个极贪财、善逢迎拍马之辈。但他对拍马之人却格外小心。

一天，秦桧的一名手下为了讨好他，送了一张十分名贵的红地毯来。秦桧让仆人把地毯铺开，发现这张地毯与庭室的大小一致，分寸不差。

于是，秦桧为此起了疑心：“此人太工心计，送我礼物时居然事先把屋子估算过了，此人不除，终为心腹大患。”

结局我不说，想必大家也一定知道了……

职场物语

下属和上司相处，“拍马屁”的功夫是一定要炼就的，但切记不要“惊着马”了。

# 要不要和上司做朋友？

对于职场三十的人来说，你可能已经在你的公司或单位干了几年甚至是十来年，如今的身份是资深的老员工或是有一官半职的管理者。在这些年中，你和你的上司交往越来越多，关系越来越密切，甚至会以朋友相待。那么，作为你来讲，到底要不要和你的上司做朋友呢？

## 和上司不能做朋友

和自己的上司做朋友，这不是要不要的问题，而是能不能的问题。实践证明，是不能！因为真正的朋友是解除防备、毫无顾忌，可以完全透明，甚至可以把自己的隐私坦露给对方的。所以，朋友交往的前提是平等，而这一点在你与上司那里恰恰是不可能实现的。

在职场中，作为一名下属，你不要指望和上司成为朋友。也许你会认为和上司结成朋友关系，跟上司走得近，就成了上司的人了，就更容易获得提职加薪的机会。于是处心积虑地接近上司，甚至想和上司发展成朋友关系。事实上，结果往往物极必反。你跟上司最亲密的时候，大概也就是你该和公司告别的时候了。

之所以说和上司不能做朋友，主要有以下原因：

你跟上司最亲密的时候，大概也就是你该和公司告别的时候了。

1. 一旦和上司交上朋友之后，会认不清自己的角色

在中国的公司或企业里，相对来说还是比较讲究等级的，每个人都必须认清自己在企业里的角色。如果你从一位下属变成上司的朋友，你该如何面对你的上司和同事？很有可能你会越级报告，让你的上司对你“怀恨在心”；很可能你会举止失措，分不清上班时间和下班时间，做一些让上司下不了台的事；很可能你会变得越来越自我，越权行事，甚至滥用权力，打乱企业内的等级秩序或工作流程，成为企业“内乱”的根源，最终很可能被“牺牲”。

2. 当你和上司交上朋友之后，别人认为你是上司的人

你和上司交上朋友，公司很多人都会认为你是上司的“狗腿子”、“间谍”或是“既得利益者”等等，总之他们会对你产生敌意，会猜疑你的能力、水平、人品等等。从而不和你真心交流，对你敬而远之，最终你成为一个“盲人”或“聋子”；或者利用你和上司的关系，干一些有利于他私利、私欲的事，甚至干脆把你当“枪”使，以达到其不可告人的目的。

3. 当你成为上司的朋友之后，很可能使你做事失去分寸

作为上司的朋友，不论是公事还是私事，你都很有可能过分关心，很有可能让你失去分寸，造成一种干涉，结果导致上司对你不满意。人与人之间相处太近，反而不好，有时候需要讲究“距离产生美”，就像两只刺猬在一起，只有保持一定的距离，才会相安无事。

4. 当你成为上司的朋友之后，就无法平衡企业里的各种利益关系

企业是一个利益综合体，里面存在着各种各样利益关系，一旦你卷入利益

冲突，很可能受伤，甚至成为“丢卒保车”的“卒”。

5.最惨的是，你拿上司当朋友，而上司没有把你当成他的朋友

当你以上司朋友自居的时候，你的心态、观念、作风等等都有可能发生一些你无法自知的变化，从而做出一些令上司难堪、上司无法容忍、下属不能接受、同事无法原谅的事来。此时，你在这家公司的日子差不多就到头了。

因此，无论你在公司里表现如何优秀，无论你的人品是多么的优秀，请保持你清醒的头脑，尽量和上司保持距离！

专家提示

日本成功企业人士松下幸之助说过：“每一部属都应该持着尊敬的态度去发掘上司的优点，至于缺点则应该尽量地补救。”

## 真心把上司当作朋友看待

不过，不能和老板做朋友，并不意味着一定要和上司成为敌对的两方。事实上，掌握好和上司相处的艺术，彼此友好相待，或许你不能从上司那里得到真正的友情，但上司会给你一个发展的方向感和一个可以施展才华抱负的平台，他会用一种健康、新锐、务实的理念来鼓舞你为他的事业去进行奋斗，在这一过程中，你也将获得你应该的所得。

这个和上司友好相处的秘诀就是：真心把上司当作朋友看待，但心里一定要有一条上司和下属的界线。

你可以尽量接近上司，加强你们平时的交流，这样会使你们在工作中更加容易沟通，真心地与上司一起打拼事业，并维护上司的利益。尽量做好自己的份内事，以减轻上司的工作量。同时察言观色，友善地对待上司，主动去设法营造一个和谐的工作环境。

精明的下属，还应该尽可能地了解你的上司，对他的背景、工作习惯、奋斗目标、喜好等等了如指掌。总之，你要尽职地工作，并保持好彼此的距离，是和上司相处的艺术核心。

## 小故事中的大感悟

李昭和上司住在同一个方位，下班后上司常让李昭搭便车，渐渐地，两人就超越了普通的上司与下属的关系。在公司里，李昭在上司面前不再像以前那样拘束了，他和上司无话不谈。

有一次加班，完工后上司让李昭跟同事们先走，他还有一点儿工作要处理。李昭在公司附近的快餐店吃过晚饭，忽然想起上司还没有吃晚饭，就买了一份饭给上司送去。他没敲门就闯进了上司的办公室，结果看见上司的怀里坐着一位漂亮的女同事。两人先是一阵慌乱，然后又装出一副若无其事的样子。李昭愣了一下，转身溜了出去。

李昭不明白，女同事跟自己一起离开公司的，怎么又回来了？

李昭更不明白，平时上司挺正派的，孩子都那么大了，和老婆关系又很好，怎么又跟下属勾搭上了？

当时李昭没怎么拿这事当回事，但他明显地感到，从此以后，他、上司还有那个女同事都很尴尬。那个女同事刻意躲着他，上司对他客客气气的，下班后也不邀请他搭便车了。李昭很无奈，他给上司发了一封电子邮件：“我是一个开明的人，也是一个宽容的人，我不会说不该说的话。”

但是，李昭跟上司的关系还是没有什么改善。有一天，公司里忽然传出上司跟那个女同事关系暧昧的消息，李昭感觉到上司对他的态度明显恶化了。其实，李昭并没有透露这件事，是上司跟女同事幽会时被别人发现并传播的。但上司却认为是李昭说出去的，以后，李昭就没看过上司的好脸。

不久，李昭被莫名其妙地解雇了。他自己明白，是上司容不下他了……

## 职场物语

作为一个下属，要切记，不要和上司做朋友，但一定要真心地把上司当作朋友一样来看待。

# 上司是个“小毛孩”怎么和他相处好？

人常说，姜还是老的辣？这句话是说在权力位置上，通常是年纪大的人上位，因为他们有劳动和生产经验。不过，随着知识经济程度的不断加深，如今越来越多年轻管理者的出现，正打破这一公论。面对这种局面，倘若你是一个公司资深的老员工，而你的上司却是一个“小毛孩”，你该怎样和他相处呢？

## 年纪再小也是你的上司

目前，在职场上，上司比下属年轻的现象已越来越普遍了。

对于职场三十的你来说，自己比上司年轻，关系一般比较好处理。但反过来，面对年轻的上司，你不免会出现一些排斥、嫉妒或者是自卑的心理，进而导致心情不舒畅，工作不如意。在如今这个用人机制越来越活，职场竞争日趋激烈的年代，作为下属的你，如果不转变观念，适应变化，往大了说会影响你和上司的工作配合和协调；往小了说，会影响你以后的晋级、加薪，甚至会使你丢掉手中的饭碗。

因此，不论上司的年龄比你小多少，资历如何不如你，既然事实存在，你就应正确面对，和“小毛孩”上司搞好关系。毕竟，上司年纪再小，他也是你的上司，这一点无可否认！

## 和“小毛孩”上司相处之道

那么，作为一个资深的下属，你该怎样和“小毛孩”上司相处呢？

和“小毛孩”上司相处之道

1. 不嫉妒，多尊重

昨天还是一口一个老叫你的“毛孩子”，或者勾肩搭背，把你称为大哥的“小兄弟”，今天却一跃成了你的上司。这对许多人来说，一时可能难以接受，甚至会产生嫉妒心理。但只要你静心想一想，年轻人能成为上司，首先说明他的文化程度、业务素质、开拓能力等方面要强于你。因此，面对年轻的上司，绝不能用不服气的心态来看待，而是要换个角度，注意发现上司身上的“闪光点”，虚心学习他在业务和管理上的长处，端正态度，从内心尊重上司，心悦诚服地接受和服从领导。

2. 少卖老，多支持

有的人，自恃年龄大、工作时间长，有时便依老卖老，对上司的工作安排应付或直至置之不理，有的甚至给上司出难题。这样做，表面上看似乎是维护了所谓“老资格的尊严”，但实际是有百害而无一利。在工作中要摆正位置，多发挥自己的优势，积极为上司出谋划策，鼎力相助，这样才会赢得上司的信赖。

3. 不自卑，多沟通

许多人常常认为“自己老了，越来越不中用了；现在是年轻人的天下……”抱有这种自卑甚至自暴自弃的心理会极大地影响工作。同时，与上司的年龄差距较大，自认为出现“代沟”而敬而远之也不是明智之举。年轻上司也是人，他也希望与下属建立和谐的关系。因此，要排除自卑和疏远的心理，尽量与上司多沟通，与其以诚相待，多寻找共同的话题，培养共同的爱好。工作中要不卑不亢，落落大方；生活中与上司做朋友，尽量缩小年龄所带来的差异。

4. 挑重担，树威信

俗话说，有为才有位。经验丰富、业务精湛，工作能挑大梁往往是老员工的特点。面对年轻的上司，你要充分利用这一优势，工作上勇于带头，敢挑重担。同时，作为大哥大姐，要关心和帮助年轻同事的工作和生活，与他们建立良好的人际关系，逐步培养自己的群众威信，并利用这一威信，支持年轻上司的工作。这样，不但员工会尊重你，上司更会高看你一眼，升职、加薪的机会自然就多了。

悟 小故事中的大感悟

一年前，王雨的顶头上司调总公司任职，同事们都觉得此空缺非王雨莫属。想不到总公司调来杨李做新领导。这个杨李年纪比王雨小几岁，资历也比他浅，最初王雨怎么也咽不下这口气，几次有想辞职的想法，却屡屡被杨李安抚了下来。

然而相处时间一长，王雨发现这个新任上司虽说年纪轻，能力却相当不弱，公司上下事务在他接手后，短时间里都安排得头头是道。杨李对王雨也非常谦虚客气，经常将一些重要项目和他商量。如此一来，王雨觉得自己并没有被忽视，于是安下心来为杨李做事。两人合作默契，好几个项目做下来都受到总公司的表扬。

半年之后，杨李又升职了，走之前向总公司推荐了王雨担任自己的职位。

## 职场物语

作为一个年长的下属，你一定要切记，上司的年纪再小，他也是你的上司。

# 昔日的同事今成上司该如何面对？

在职场中，你也许会碰到这样的情况：曾经是很好关系的同事，但有一天，他被公司晋升为你的上级。面对这种情况，你可能一时不知所措，或许觉得很不公平，甚至产生离职的想法。事实上，这些想法都是不可取的？那么，假如你昔日的同事，如今成为了你的上司，你应该如何调整自己的心态和行为与他相处呢？

## 找准你自己的角色位置

除非你马上辞职，你应该认识到他已经是你的上司，而非昔日的同事，至少在上班时间要体现上下级的关系，这是你们之间关系的基本定位，同时，这也是职业化员工应该要具备的行为。

找准你自己的位置

首先，要遵从正常的上下级汇报关系。

其次，要服从上司的指令和安排

最后，沟通方式也得进行相应的改变

首先，要遵从正常的上下级汇报关系。过去，关于你工作的很多事情可能不需要跟你的同事交流，但现在他成为你的上司，作为下属的你有义务和责任就你的工作结果定期或不定期向你的上司进行汇报，你必须适应这种转变。

其次，要服从上司的指令和安排（当然，这并不意味着你不能提出任何疑议），对曾为昔日同事的上司所安排的工作内容，要尽自己最大的努力去完成，上司只是向你发出指令的一个机构，不管谁成为你的上司，都不应该妨碍你努力完成应做的工作。

最后，既然已经是上下级关系，沟通方式也得进行相应的改变，尤其是在上班时间更是有必要。譬如，原先作为同事，你们可能是彼此直呼其名，但现在他作为你的上司，可能姓后会带“长”或“经理”等称谓，你应该在称谓上做出这种改变，这也是体现你对上司的尊重。

## “红眼病”要不得

事实上，有很多人都很难面对自己昔日的同事如今成了自己的上司，因而以消极或不合作心态面对甚至采取暗中“抬杠”的行为，这是不可取的。

首先，你应该认识到，你是在为自己而工作，不管谁成为你的上司，都不应该成为消极怠工的理由，否则，只会对你的职业生涯带来更大的危害，并不利于问题的解决。

其次，要正确看待同事的晋升。有些看问题偏激的人，认为同事得到晋升就是靠搞关系或拍马屁得来的，如果是自己晋升，才是凭真才实学。当然，不可否认，现实中也会存在凭关系而晋升的现象，但这毕竟不是主流，你更需要去承认和分析被晋升人本身的优势和自己的不足。

## 下次得到晋升的说不定就是你！

昔日为同事，但他得到晋升而你却没有，你可以多问自己几个为什么：

我有哪些地方做得不够好？我的缺点在哪？是我的能力、心态还是为人处世导致我没有获得晋升？对这些问题的回答将是你自我提高的契机。遇到这样的情况，你也应该通过多种途径去了解自己的缺点在哪，被晋升的人有哪些地方值得你学习，多加分析，取长补短，你今后才会有机会，否则，即使你冲动离职了，你下次仍可能面临同样的境况。

总之，昔日同事今天变成你的上司了，这并不可怕，也不可悲，采取积极的心态和正确的职业化行为，下次得到晋升的说不定就是你！

职场物语

作为一个成熟的职场人，一定要谨记：你是在为自己而工作，不管谁成为你的上司，都不应该成为你消极怠工的理由。

# 遭遇工作狂上司怎么办?

在工作当中，什么样的上司你都可能会遇到，当然，你也可能会遇到这样的上司——工作狂上司！工作狂上司做事像玩儿命，同时，他也会给你安排永远做不完的工作。在工作狂上司手下干事，你永远只能有一种感受，那就是“累”！而且假期一般也不会得到保障。那么对于这样的上司，你该如何来应对呢?

## 先听听一个下属的“苦”诉之言

我们先来听听作为一个工作狂上司的下属是怎样描述自己的体验的：

◆ 你的工作日的80%以上，都不要想按时下班，你渐渐适应披星戴月哈欠连天的回家之路。万一哪天正常下班，你会发现，家里根本没预备你的晚饭。

◆ 你的手机常常在休息日执著地狂响。如果你胆敢关机，或者置之不理，家里的座机就会响得一往无前，拿起话筒，里面会传来工作狂上司友好的问候：怎么不接电话啊? 接下来，当然是一大堆客客气气要你“抽时间”再做要做的事。

◆ 你连续加班三周，三个周末不着家，补假? 痴心妄想。工作狂上司会在第四周的星期一满脸无辜地说：你不是周末刚刚休息过两天吗? 你试图争辩，他理直气壮：这是法定工作时间。工作狂上司一般患有选择性失忆症，他不会记得你在法定休息日是怎么加班的。

◆ 如果你累死累活，把10天的活儿在5天内赶完，等着你的决不是5天的清闲日子。你的工作狂上司会在第一时间备好另一个10天的工作量，杀机暗藏，幽幽等你。

◆ 千万别问你的工作狂上司，还有什么工作安排。他的口头语是：事儿多着呢。

◆ 那种说世界上不存在永动机的理论，相当可疑，我的工作狂上司身上铁定装着一台。他不抽烟，不喝酒，五毒不沾，和家眷还两地分居。除了工作，我看不出他有任何寄托。

◆ 有一天，我在筋疲力尽之时，忍无可忍向他推荐一本管理学书籍，告诉他有一段专门论证“每周工作80个小时不是好习惯”。他想了想，答复：我看的时候会把这段跳过去。

## 再说说工作狂上司的“好”

还是前面那个下属的话：

当然，跟着一个工作狂上司，也不是一点好处没有。如果反正躲不开工作狂上司，就多想想可能存在的好处吧。乐观有益健康。以下是我和像我一样的下属能忍他到今天的理由：

### 1. 关系简单

工作是唯一标准。你既不用刻意想办法让他喜欢你，也不用小心翼翼怕开罪了他。这些都不重要，他的要求相当简单，只要交出的活儿好，他才不管你黑猫白猫。所以工作狂上司领导的团队，人际成本会比较低，因为合作者之间除了活儿，不涉及其他。而一个是非少的工作环境，还是有吸引力的。

### 2. 患难与共

这样的工作无可置疑就是灾难。大家都累得贼死，本来就不太有时间有精力致力于倾轧。又因为患难的心理感觉，共事者之间比较容易建立起相互抻把手的良性互动，也不太斤斤计较。你知道，通常灾难中人性高尚的一面容易凸显！

3. 馅儿饼效应

很古老的一个故事：

国王指着鳄鱼池说：谁最先游到对岸，我就把女儿嫁给她。话音未落，只听扑通一声一青年下水，狂奔而去。国王握着终于上了岸的青年的手说：勇敢的年轻人，你将得到我的女儿。可是，你能告诉我，是什么令你如此勇敢。青年举头四望：哪个混蛋推我下去的？！

工作狂上司可能就是那个推你下水的人。你并没娶国王女儿的打算，也不认为自己有这个能力，但如果因为工作狂上司的逼迫，奋勇娶到了，也不坏啊！

因为鳄鱼的追逐一夜成名

4. 开发潜能

还是上一个故事。不过，我看着我的工作狂上司在眼镜片后微笑的眼睛，更多想起的是那池子里的鳄鱼。身后有一群鳄鱼，会焕发出正常情况下永远发现不了的能量，重新认识你自己——原来以为不会干也干不了的事，因为鳄鱼的追逐，一夜成名。

## 三招五式搞定工作狂上司

如果你的上司确实是个工作狂，同时要求你也同样做个工作狂，放弃家庭和生活。你该怎么办呢？以下几种方法会帮助你摆脱这种处境的。

1. 成为让上司放心的下属

在上司分配工作任务时，你可以要求上司给出明确工作成果的标准，包括时间标准和质量标准，并向上司提出自己的工作计划以及分阶段的工作目标。这样，只要能够按计划的阶段完成自己的工作任务，上司就不会提出不分昼夜的工作要求，即使提出也可以理直气壮地予以拒绝。

2. 对额外工作要明确

在上司提出额外工作任务时，要与上司就自己的工作职责进行清晰的界定，让上司明确哪些是额外做的工作，这样在上司经常性地提出这些额外工作要求时，可以将之进行一项统计，提交人力资源部门，作为部门增加人员或者增加薪水的依据。

3. 达到工作职位的高标准

将自己对家庭、生活和工作的态度与上司及人力资源部门进行交流，与他们交流本职位的职责，明确职位的高要求标准，用达到职位高标准来要求自己，有效地安排自己的工作，从而在达到职位高要求的情况下，做到家庭、生活、工作几不误。

4. 提高上司的计划性

有时候上司由于没有计划性，他自己很忙，而且累得你也很忙，这需要你策略地帮助上司建立工作计划，既锻炼了自己的组织能力，又能够将上司和你自己的工作安排好，使自己工作得更有效率，处理好工作与生活的关系。

5. 在非正式场合，以适当方式对上司提出关于工作、生活的建议，以影响上司向非工作狂转变。

职场物语

“工作狂”上司会要求你做无休止的工作，对此，你一定要学会拒绝，学会为自己“讨价还价”。

# 上司向我借钱怎么办?

职场中，什么麻烦事都有可能碰到，譬如说借钱这回事！一般来说，同事之间借钱是很平常的事。生活中，每个人都有可能碰到一些困难，手头紧时，就要借钱，看在一起工作的面子上，如果你手中富裕，是可以借的。但是，如果对方是你的上司，他主动的向你借钱，你该如何呢?

## 借钱之前要慎重考虑

在借钱给上司之前，你一定要把个中情况仔细分析清楚，再做决定。

一般来说，上司权限比你要大，自然赚的钱比你要多，那么他为什么要和你借钱呢？难道他家里有困难吗？这种可能性几乎为零，因为一个有权势的上司，家里条件是不会差的，正常的收入加灰色的。而且从现代婚姻角度上来说，有权限的人，爱人也会比较的配对，收入也高一些的。所以，绝不可能是家里有困难向你借钱。若是家里有困难，也完全可以向亲人们借，这一点大家是可以帮助的。但是，他没有向家人和亲人借，说明钱的用途值得怀疑，你借给他钱了，就相当于帮他做了什么不光彩的事情，也许是他背着家里人做的呢？况且，借钱不是贷款，数量应该不会很大，这样的一笔钱，上司怎么好意思向下属借呢？看来可以厚着脸皮向比他赚钱少的人借钱，本身就有极大的问题。

再者，也是最重要的，钱，如果你借了，将来你是如何讨要呢？如果是一个通情达理的上司，记性不是太差，在短时间内把你的钱给还了，皆大欢喜，什么事也没有了。但是，他是不是觉得，有什么短处落在你手里了，毕竟这年头向下属借钱，也不算是什么光彩的事情吧，以后在工作中，他是不是会因此找你麻烦呢？人在职场，事情复杂的很，不得不小心一些。换另一个角度，如果上司是记性差的，或者假装是记性差的，他不记得还你了，这可如何是好呢？你会勇敢地开口讨要吗？现在社会普遍有一种认识，借钱的是爷爷，要钱的是孙子，你敢要吗？如果你要，对方可能会说，哎呀，你怎么这么着急啊，我又不是不还你。可事实上却是，他就是没有还你，而且相当长的时间了。你要不要呢？这钱也不是小数目，自己辛苦赚来的，不能凭白无故地送人啊。向上司讨要，要是惹的他不高兴，没准以后又要找自己麻烦。

## 头儿，真的不好意思！

在前前后后分析完借钱的可行性后，你决定不借钱给上司。这时，你应当怎样巧妙地拒绝你的上司呢？

当上司向你借钱时，如果数目极小，属于零花钱一类的，就不算在内了，仅指数额大一些，可以对人造成困扰的。上司开口时，你就告诉他，太不巧

了，我这段时间家里有事，比如，谁买房啊，谁上学啊，谁结婚啊，哪个人生病了，把钱给占用了。如果想借，就得等一段时间啊，我这手头也不宽裕呢？当然也可以是别的方式，比如说，你怎么不早说呢，我昨天刚把钱借给某某人，说一个上司不认得的人，同学或是亲戚都可以。这样，上司心理也就明白了，不会再借了。职场中，上下级要保持一定的距离，不可过于亲近，也不可太过远离，职场中这也是一种学问的，不要轻视这种上司的借钱，当然也会因为各种具体情况有什么变化，但总是不可以乱借钱的。

## 上司借钱不还该怎么办？

上司借钱不还，这是一个让很多人都头疼的问题。上司借钱不还的原因有很多，也许他是真的忘了，也许他是故意的。但借出去的钱不能不要，不过，要钱你也要掌握时机和一些技巧：

◆ 如果时间不长也不急用的时候，就等一等或者找机会暗示一下，过几天如果还没有还的话，抽个机会对他说一下，最好挑发工资，或是牵涉到钱的问题的时候。

◆ 要是真的不好开口的话，你就也找上司借同样多的钱，这样既避免了尴尬，也能把钱拿回来，当然借的时候千万别写借条！

◆ 你可以在上司不忙的时候，心情不错的时候，你们以工作的事宜接触之后，你随便问一下，领导你那天怎么那么急用钱呀，你的上司自然会明白啦。你的上司也不会有误解的，这种情况很正常的。

◆ 如果你跟上司关系好，你可以说："老板什么时候发工资啊，我都穷得叮当响了。大街上乞丐都比我有钱。"

职场物语

上司"好意思"向你开口借钱，同样，你也"好意思"拒绝他。

# 我该如何继续提升自我？

老板招见一位职员，说道：“你在本公司工作已经6年了，表现得很不错！开始时只是负责信件分发，3月后开始处理销售事宜，两年后升营业部经理，4年之后又提升为副总裁。现在我要退休了，我要你担任公司新总裁兼总经理，你觉得怎么样？！”

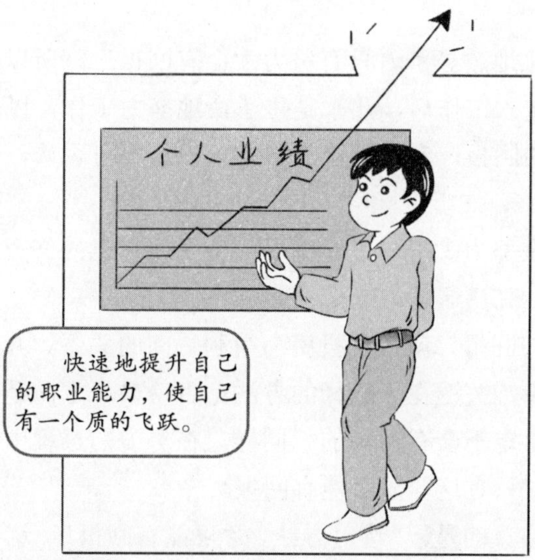


职员说：“谢谢！”

老板：“没有其他要说的吗？”

职员：“谢谢你……爸爸！”+++++++，84

对于职场新人来说，在从事工作的前两三年的时间里，对你重要的事情固然很多，你所要做的事情也很多，但最为重要的事情莫过于一点，那就是你要快速地提升自己的职业能力，无论是业务技能方面还是职场修养方面，都要使自己有一个质的飞跃，尽快使自己从职场“菜鸟”升值为职场“牛人”，这甚至比给你升职加薪更重要。

## 只要努力就会有回报吗?

小时候开始，我们就被这样教导着：一分耕耘一分收获，指望天上掉馅饼是不可能的。的确，如果王羲之没有写完18缸的水，他又怎么会有书法绝品《兰亭序》流传至今呢？如果爱迪生没有做过上千次试验，又怎么能有造福人类的灯泡问世呢？很多的事实都证明：只有努力才会有回报！

### 为什么努力得不到回报?

正是被潜移默化地教导了“只有努力才会有回报”，所以我们不难发现，有很多职场新人在走入工作后，几乎是拼了命地努力工作，以期望在最短的时间内能够得到应有的回报，实现自己的职业理想。不可否认，这种现象是很值得提倡的。

但是，很多人在努力大干一段时间后，会发现自己的努力并没有等化为回报，这很令人困惑，究竟这是为什么呢？

事实上，努力与回报，就像是投资与盈利之间的关系。并非投资多盈利就多，投资少盈利就少，关键在于选择的方法是否得当，方向是否准确。当然，如果你不投资，是肯定不会有盈利的。同样，在努力的过程中，你仍然需要找准方向，选对方法，只有这样才可能有回报。

需要提醒大家注意的是，“选对方法，才可能有回报”，这也只是“可能”，因为在很多时候，努力和回报是不对等的，你必须具备足够的忍耐力。这正如网易公司创始人丁磊所说：“努力不一定就有回报，但只要你持之以恒地努力。就一定会有回报。”

---

网易从一个不知名的小公司，发展成为知名网络公司，靠的正是这份持之以恒的努力。例如，网易旗下的大型网络游戏《大话西游 online2》，从开始运作到正式推出经历了长达3年的时间，而免费邮箱则从1998年就开始操作了，这种马拉松式的努力最终为网易公司带来了丰厚的回报。

---

### 不断成长是你最好的回报

那么，职场人不禁要问，既然努力不但辛苦，还不一定有回报，那我干吗还要努力呢？做一天和尚撞一天钟好了。话虽可以这样说，但这样做的结果可能正像马克·吐温所说：

“去爱可能落得满身伤痕，但如果不去爱，你将孤独终身。”

你不能因为前方布满荆棘就拒绝成长，因此，你也不能因为没有回报就拒绝努力。

在现实的职场中，那些看重回报的职场人，往往一旦努力看不到回报，就完全没有了心气，从此不再努力，几年过去了，回头看看自己的事业，发现早已没有刚工作时的激情和才华了。“老了，成熟了。”很多人习惯这样想。但事实是他们已经停止成长，因为他们没有明白——不断成长是对自己最好的回报！

悟 小故事中的大感悟

一棵苹果树结果了。第一年，它结了10个苹果，9个被摘走，自己得到1个。对此，苹果树愤愤不平，于是自断筋骨，拒绝成长。第二年，它结了5个苹果，4个被拿走，自己得到1个。”哈哈，去年我得到了10%，今年得到20%！翻了一番。这棵苹果树心理平衡了。

但是这棵自断筋骨的苹果树已经在慢慢萎缩了。如果它不是那么计较得到的回报，它还可以继续成长：比如，第二年，它结了100个果子，被拿走90个，自己得到10个。很可能，它被摘走99个，自己得到1个。但没关系，它还可以继续成长，第三年结1000个果子……其实，得到多少果子不是最重要的，最重要的是苹果树在成长。等苹果树长成参天大树的时候，那些曾阻碍它成长的力量都会消失。不要太在乎果子，成长是最重要的。

**职场物语**

身为职场人一定要明白：“对你而言，不断成长是你努力的最好的回报！”

## 升职与加薪的怎么不是我？

尽管我们工作的目的不单纯是为了升职与加薪，但不可否认的是，这两方面的确是工作中提升自我的重要表现形式。一个人能力越高，受重视程度越高，他在公司的地位就越高，拿到的薪水自然也越高，这似乎是无可争议的事实。也正因如此，许多人将升职与加薪作为自我实现的一种手段。

### 升职加薪不仅要看工作成绩

对于职场人来说，升职与加薪是对其职场成长的一种肯定和激励，也因此，对于许多人来说，都会把二者看得相当重要。以至于有些人在工作一两年后都会有要求老板升职加薪的愿望，甚至毫不掩饰地表露出来。

事实上，老板给每一个职员升职加薪都是正常的，也是应该的。但是，升职加薪并不是无条件的，首先得看你工作的成绩如何！职场人在向你的上级或老板提出升职加薪的要求时，你是否应该首先问问自己：我凭什么要求这些？

其次除了工作成绩之外的业务能力也颇为重要。“将才”与“良兵”的评订标准是不一样的，也可以说，良兵不一定皆为将才。

因此，在提出升职加薪之类的要求之前，你首先要掂量自己的真正实力，想想站在公司的角度，自己的价值会有多大、给公司创造了多少价值等，然后再考量一下自己是否有领导能力，能否带领一个团队。如果这些欠妥，你最好按兵不动，先将“充电”计划提前，为下一步的升职加薪铺平道路。

## 几项条件让你有资格要求升职加薪

一般而言，对于职场人来说，是否具备升职与加薪的资格，往往应该从以下几个方面进行考察：

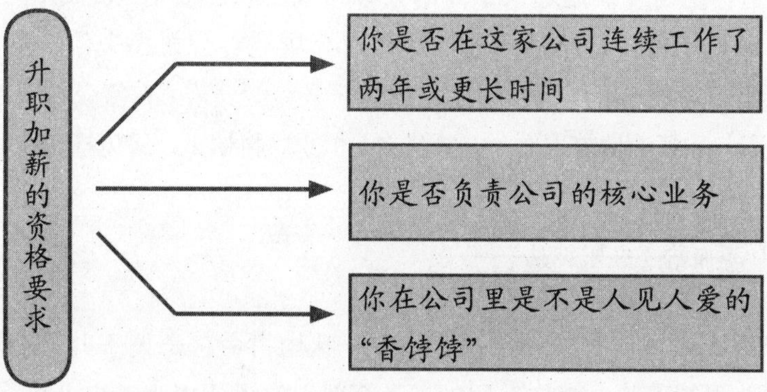


1. 你是否在这家公司连续工作了两年或更长时间

作为一个久涉职场有工作经验的人来说，哪怕你的能力再强，一旦贸然提出升职加薪的要求总是不会有太大胜算的。毕竟你和公司尚处于磨合期，老板对你的价值还需要再考证，他怎么会轻易对一位新员工委以重任呢？倘若你在这家公司工作两年以上，老板已经对你的表现了如指掌，你所表现出来的价值老板也心中有数，他自然会慎重考虑你的请求。

2. 你是否负责公司的核心业务

如果老板把核心工作都交给你做了，这足见他对你的信任和对你能力的认可，此时不提出升职加薪，等待何时？遇到这种情况，除非你的要求太离谱，老板通常都会答应你的。试想，谁会轻易放过一个能给自己创造更大价值的人才呢？

3. 你在公司里是不是人见人爱的“香饽饽”

只要有你在，公司上下就充满了欢声笑语，你仿佛是同事间的润滑剂，哪里出现摩擦，只要你出马，就会立刻化干戈为玉帛，这一点连高高在上的老板都自愧不如。如果你有这种魔力，尽管大胆开口提出你的要求吧，老板一定会点头答应的！因为，他心里很清楚：公司能有一个像你这样的员工，能省去很多不必要的麻烦，而麻烦的化解不正意味着效率的提高吗？

只要你具备以上几个条件，不妨向老板坦诚表露你的想法吧！

不过，切忌，就算你能同时满足上述三个条件，也并不意味着你可以漫天要价。要知道，在当今供远远大于需的人才市场上，老板始终是处在上风头的，你可以和他讨价还价，却不能和他针锋相对。毕竟，公司损失你一位员工，还有一群员工争着填补你的空缺。

面对升职与加薪的请求，你一定要慎重、慎重、再慎重，避免打无准备之仗！

## 升职加薪“九阳神功”

对于职场人来说，有时候，在工作中一味地拼命苦干傻干并不能使你必然获得老板和上司的青睐，为你升职加薪。有时，你还要用点“心机”，耍点“花招”：

第一招：永远把上司放在第一位

职场人千万要记住：老板的时间比你的值钱！当他派一项新任务给你时，最好立刻放下手边的差事，以他的指令为优先。比如说，当你正跟别人通电话时，上司刚好要找你，你应该当机立断终止通话。假如通话的对方是公司的重要客户，你不妨以字条或唇形知会老板。总之，尊重老板的存在是属下与上司关系中极为重要的一环。

第二招：以上司的事业为已任

在职场上（尤其是在私营和合资公司），职场人能否成功上位，主管和上司往往是重要的决定因素。要知道，上司的事情就是你的事情，你的主管和上司发展顺利，你也跟着发展顺利；如果他们失败，你的前途同样一片黯淡。

第三招：参与决策，当机立断

职场人想出人头，首先请改掉你优柔寡断的毛病。当你有机会参与公司决策的时候，千万要记得：当机立断、刚毅果决这八字。优柔寡断与婆婆妈妈是决策的致命伤。

第四招：遇到问题要临危不乱

惊慌失措是职场中最忌讳的表现，记着，沉着镇静、处变不惊的人，方为职场最终的胜利者。老板都欣赏临危不乱的角色，因为唯有这种员工才有能力乘风破浪，独挑大梁。如果你有天塌下来都不怕的信心，那么出人头地必然指日可待。

第五招：洞察先机，未雨绸缪

千万不要以为所有计划都能顺顺利利，事先想好后备方案是发生意外的解救。比如你的上司准备出差，而你必须替他设想可能遗漏的东西以及可能出现的突发状况，不怕一万，只怕万一就是这个道理。如此一来，他不但会衷心感激你，也会对你未雨绸缪的应变能力留下深刻的印象。

第六招：不怕吃亏，善于沟通

在未来领袖的字典里，是没有“对不起，我没空”这样的词句，它是从属关系中的大忌。想要收获，就必须付出代价。如果你的上司要你负责额外的工作，你应该感到高兴与骄傲，因为这表示他看重你、信任你，且极有可能是他在有意识地考验你承受压力与肩负重责的能耐。

第七招：出现错误，勇于承担

如果你在工作中犯了比较严重的错误，怎么办？与其逃避责任，不如试着冷静下来，评估事态的严重性，并研究可行的补救措施，然后视情况向上级反应，万万不可在情况未明朗之时告诉上司，而又不知如何解决；更不可装作什么都没发生，企图遮掩过失。有自己的主见，养成临阵不乱的沉着，这才是上司欣赏的特质。

第八招：笑脸迎人是不二法门

没有人喜欢和一个整天愁眉苦脸的家伙在一起，原因很简单，因为这种人通常只把悲伤带给别人，而那正是大家最不想要的。如果你想获得同事基本的喜爱，尽量保持笑脸常开是不二法门。俗话说：伸手不打笑脸人。笑脸迎人不担让共事的气氛更欢愉，对于工作也有事半功倍之效。

第九招：保持大方得体的仪态

在这个物竞天择的时代里，职场新人若想有一番作为，有必要掌握一项基本原则：看场合穿衣服。此外，打扮合宜、修饰整洁并具备良好卫生习惯也同样重要。例如简单有型的头发、适时修剪指甲、避免浓妆艳抹等，都是不可忽视的原则。

**职场物语**

职场新人一定要记住："在工作中干出成绩来，才是你升职加薪的根本保障。"

## 要不要给自己留条后路？

在现实生活和工作当中，有很多人在开始做事的时候往往要为自己留着一条后路，作为遭遇困难时的退路。"狡兔三窟"，以备不测！这种做法看似谨慎，其实却有极大的隐患。

### "置之死地而后生"

兵法有云："置之死地而后生！"对于职场人来说，也要有这种精神，如此，才会有创立事业的希望。

职场人总会陷入这样一个怪圈：那些表面上看起来优秀的年轻人，往往在工作一两年甚至更短的时间内，会对已有的工作感到不满，稍遇挫折或是受到上司的训斥，就会"拂袖而去"。等换了工作，干了一段时间之后，仍会遇到不如意的事情，结果只好再另找工作。这样换来换去，事业前途依然没有进展。

而那些自身条件自觉不如人的职场人，他们深知找个工作不容易。费了好大的劲，托了不少的人才找到一个工作，他们对这份工作机会一定非常珍惜，就算遇到挫折，心里十分难受，但一想到自己好不容易才找到了工作，已没有退路了，这口气也只好忍下了。他们在这样艰苦的环境中，不能说是对工作甘之如饴，最低限度他们是咬紧牙关熬了过来，没有兴起另谋发展的念头。因此，血汗、苦劳堆积起他们的事业。

无数事实证明，职场的成败，就在于意志力的强弱。具有坚强意志力的人，遇到任何艰难障碍，都能克服困难、消除障碍。但意志薄弱的人，一遇到挫折，便哀求退缩，最终归于失败。

## 唯有恒心才能战胜一切

职场人要善于给自己“自绝后路”，如此，你在做每一件事情的时候，才能“恒”下一条心来，一定要把这件事做好，做成功！

久涉职场，或许你早忘记了理想。若希望事业有所成，你就要有一颗凡事坚持到底的恒心，胜利之门终会为你打开。正所谓“精诚所至，金石为开”。

---

伟大的生物学家达尔文曾说过：“我所完成的任何科学工作，都是通过长期的考虑、忍耐和勤奋得来的。”

---

世界上没有任何东西能够代替恒心。才干不能，有才干的失败者多如过江之鲫；天才不能，方仲永的故事广为流传；教育不能，被遗弃的有教养之士随处可寻。唯有恒心才能征服一切。

职场之上，只要你能经得起考验，即使“天资”较低，“才能”一般，“恒心”也会让你获得丰厚的报酬。

### 悟 小故事中的大感悟

大学毕业后，任婷以优异的成绩考入一家超大型的公司。刚到公司的那段日子，由于任婷所在的车间刚成立，机器设备还不齐全，经常干干停停。随着设备的增加，订单的增多，她开始频繁地加班。

老板有个心腹——王主任，他像是有意和任婷过不去，总是有意无意挑她的刺儿，还说：“别总记得自己是大学生，你现在是个给别人打工的。”面对这种恶语讽刺，她默默地忍下了。

可是，时间一长，她实在忍无可忍，就写了一份报告呈给老板要求调离车间。老板说明天给她答复。第二天，老板对她说：“王主任说，你才22岁，还要在生产线上多锻炼锻炼，今后大有发展……”她灰心了，甚至想让父母帮忙找工作。但最终，她还是挺下来了。

几天后，忽然一个调令，任婷被调到了业务部里工作。这时，她才想起上个月她曾参加业务部招聘助理的考试，没想到竟以第一名的成绩入选。

**职场物语**

职场人一定要记住："只要你经得起考验，即使你"天资"一般，"才能"一般，恒心也能让你获得丰厚的回报。"

## 安分守己就行吗？

在职场上，有许多条条框框约束着人们的思维和行动，但只要你有勇气和力量，这些条条框框是可以被打破的，并且会取得惊人的成绩，也会得到老板或上司的承认："这小子真行！"但如果你没有勇气突破，总是泥古不化，按图索骥，那等待你的只有失败。

### 事物总是不断发展变化的

按图索骥是我国古代流传下来的一则寓言。传说伯乐有个儿子，想继承父业，也学相马。有一天，这位"少伯乐"拿着父亲写的《相马经》，外出寻找千里马。

《相马经》说："千里马的主要特征是：高脑门子大眼睛，蹄子像摞起来的酒曲块一般。""少伯乐"出门没走多远，看见一只大癞蛤蟆，便兴高采烈地回家告诉父亲说："我找到千里马了，和《相马经》说的差不多，高脑门子大眼睛，只是蹄子不像摞起来的酒曲块儿罢了。"伯乐听后，啼笑皆非，只好说："可惜这种马只爱跳，不能骑啊！"

这则寓言意在讽刺那些拘泥成规，死套书本框框，缺乏机动灵活素质的人。它也从反面告诉我们，随机应变，机动灵活，是一个职场成功者所必须具备的能力。因为社会是错综复杂的，事物也总是不断变化发展的，变化有时在意料之中，更多的是在意料之外。若你要想适应多变的形势，遇事就必须沉着冷静，善于审时度势，见机行事。

## 勇于创新才能大有作为

职场人一定要明白，事物总是在不断发展变化的，因此，在工作中，你必须要求新求变，不断改进工作方法，提高工作技能，以创新的精神来寻求职业上的突破。

在职场中，那些老老实实、安分守己、兢兢业业的人固然是公司稳固的基石，但从另外一个角度来说，这些人也最有可能成为公司发展进步的“阻力”，因为老老实实、安分守己通常也是创造力已经失去或正在失去的标志！

创新，需要有一种冒险的精神。只有敢于冒险、富于创新的人才会做各种尝试，而过分安分的人却永远只会寻求安全状态。在公司或企业经营中，老板更需要的是能够推出新的产品、能够开拓新的销售空间、能够向公司提出好的建议的人。而那些一成不变的老实人多半都会维护已定型的生产模式、销售渠道等，他们会说："我们的产品经过这么多年的市场检验，如今已经拥有大量的客户。我们好好维护这一块就足够了。新产品的开发就算了，到时候说不定投入了大量的钱不说，还什么也研究不出来！""还开通什么新的销售渠道？现在我们的东西不是卖得很好吗？"老板碰到这样的员工总是最头痛，他不犯什么错误，不会有过激的表现，但其实他本身就是一个最大错误。公司中这样的人多了，很难向新的方向前进，最终在未来激烈的市场竞争中死无葬身之地。

所以，职场人千万不要固步自封，泥古不化，把自己推到危险的边缘。而是要勇于打破常规，开拓创新，闯出一片新天地。

### 悟 小故事中的大感悟

杰尼斯经过3个月的努力，终于谋到一份相当不错的工作——在一家跨国公司担任营运总监。公司正处于上升期，薪酬丰厚、工作环境好、升迁机会也很多，杰尼斯感到相当满意，自然也十分珍惜。他在工作中兢兢业业，不敢越雷池一步，生怕因为一时疏忽断送了大好前程。

一年下来，杰尼斯对自己的表现颇为满意，虽然没有取得太大成就，但也无差无错。年底，老板找每位员工谈话，杰尼斯心想："以前的几位营运总监多多少少犯过些错误，但都先后被委以重任；我一次差错都没出过，比他们更优秀，兴许老板会让我担任公司更重要的角色呢！"于是，他怀着快乐的心情推开老板的房门。

"杰尼斯，这一年来你的表现还不错。"老板慢条斯理地说，"但公司目前正准备精简人事，希望你能谅解。按照公司规定，你可以去财务领3个月的失业金。"杰尼斯被这突如其来的变故震惊了，好一会儿才缓过神来："老板，您的意思是我被炒鱿鱼了？我从没犯过错，为什么要开除我？"

老板平静地说："实不相瞒，正因为你从未犯错，公司才决定开除你。"

"为什么？"杰尼斯显然对这一说法感到费解。

"因为你害怕犯错，所以不敢创新，做起事来畏首畏尾，不敢越雷池半步。可目前公司正大力拓展市场，需要的是那种敢拼敢闯、能独当一面的员工。"老板意味深长地说。

**职场物语**

职场人一定要记住:“那些勇于创新的人,往往能取得出人意料的成功。”

## 讨好老板有错吗?

要想在工作中获得提升,就必须获得老板的赏识。只有得到老板的认可,他才会给你安排重要的岗位,负责更具挑战性的工作,你的能力才能得到强化,薪资待遇才能不断提高。

### 也许你的老板并不十分了解你

对于许多职场人来说,如果你做了很多工作,也出了不菲的成绩,然而却一直不能获得晋升的机会的话,经常就会听到这样的感叹“千里马常有,而伯乐不常有”,甚至进入一种怀才不遇的境界。原因是什么呢?

我们可以这样来分析一下:

受中国传统文化的影响,很多中国人潜意识里对长者或者上者怀有敬畏之心,这种心态在工作中就表现为上班怕领导。正是因为对上级的太多的敬畏之心使大家失去了获得上司认可或者喜爱的机会。在上司面前你的表达不清,思维变慢,这都影响了你的上司对你的认识。没错,你的工作成果是明明白白的,但遗憾的是你周围的同事大部分都能够把工作做的不错,而你的上司要考虑的事情太多,他又怎么能详细了解你的所有工作过程和工作成果呢?

### 酒香也怕巷子深

毫无疑问,对于职场人来说,能够获得老板的赏识,好处是很多的。那么,作为一个职场人,如何才能获得老板的赏识呢?

一个最好的主意就是要和老板多沟通。这一点和追求女孩子的道理类似,两个都不错的男孩子去追求一个女孩子，一个人采用默默无闻的方式，而另外一个却是主动发起进攻。相信结果肯定会是大相径庭的。

因此，职场人在工作中，要适当和老板多沟通，引起老板对你的注意，对你来说绝对没有坏处。千万不要再有“两耳不闻窗外事，一心只读圣贤书”的想法了，毕竟现在是个讲究广告效应的社会，“酒香不怕巷子深”之类的说法早就过时了。即便酒再香，倘若不会吆喝，不懂得品牌包装和推广，人们对其认知度不高，自然不会购买。同样的，老板对你印象模糊，又怎么会对你委以重任呢？

当然，凡事都要把握一定的分寸，就像吆喝过了头，不但会让人觉得烦，还容易让人怀疑其中的“水分”。倘若你一味巴结老板、处处拍老板的马屁，就会给老板一种油腔滑调、不务正业的感觉。更加可怕的是，同事们也会给你戴上“马屁精”的“美名”，到了那时，要想重新获得老板和同事的信任，可就比登天还难了。

悟 小故事中的大感悟

伍迪和辛巴同在一家广告公司上班，伍迪只想把自己的事情做好，对公司的其他事情一概不关心；辛巴则经常往老板办公室跑，还时不时给老板带一些家乡特产、新上市的水果等等。美其名曰汇报工作，其实是想增加老板对他的印象。

伍迪对辛巴的这种做法不屑一顾，认为他是在刻意讨好老板。在伍迪看来，只要自己工作出色，到哪都一样受重用，何必费尽心机巴结老板呢？事实上，他的工作业绩有目共睹，不少作品还获了奖。眼看新一轮的部门经理就要评选了，伍迪对这一职位颇有信心。

然而，评选的结果是——辛巴成为新任部门经理。对于这一结果，伍迪是一百个不满意，他有史以来第一次找老板，向他表达了自己的不满。可老板说的第一句话居然是：

“请问，你是哪个部门的？叫什么名字？”

**职场物语**

职场人一定要记住：“要想获得老板的赏识，首先必须要让老板认识你。”

## 超越别人，还是超越自己？

当今职场中，生存竞争日趋激烈，能否在其中占有一席之地，在很大程度上取决于能否战胜他人。然而，要战胜他人，首先必须战胜自己！

### 要想超越别人，首先超越自己

对于职场人来说，打拼职场，你要想超越别人，首先要超越自己！

战胜自己往往比战胜他人更加困难。由于人的自我肯定的本能，发现自己的缺点是件极其困难的事。自私是人的弱点，然而，很少有人承认自己的这一弱点；站在骄傲的悬崖边上的人不易认识到自己身处险境。自知尚且不能，超越自己谈何容易？

古人这样激励我们："知人者智，自知者明；胜人者有力，自胜者强。"尽管"人无完人，金无足赤"，但只要我们正视自己，不断提高自身素质，在职场中磨练自己，积累能量，厚积而薄发，一定会完成自己认为不可能的飞越。

职场人只有超越了自己，战胜他人才能易如反掌，职场的成功也就指日可待！

**专家提示**

每个人都有自己的弱点，你同样也不例外，你的弱点在与他人的较量中往往被对手利用或击中，使自己陷于被动或失败的境地。这就要求你要不断激发自己的潜能，战胜这些弱点，超越自己。无数事实证明，谁能做到超越自己，谁将在职场上所向无敌！

### 肯定自己，才能超越自己

一个人要想超越自己，首先要肯定自己。很多时候我们都在感激别人给予我们的帮助和支持，其实真正能救助自己的只有自己，如果我们肯定自己是正确的，那么我们的世界也会是正确的；如果我们想改变自己的世界，就必须先肯定自己，肯定自己一定能够改造这个世界，有了坚定的信念，我们才能战胜自己。

职场人需要不断地战胜自己，克服自己的种种弱点——自卑、懒惰、胆怯，等等；克服工作中的种种困难——疾病、失败，等等。

另外，职场人还要学会进行必要的自我管理：

1. 目标要常常检视

最好每天都检视一次以上。人容易健忘，容易把目标都忘记了，工作就没有目标，就会使自己陷入职业迷茫。你最好把目标写在某个经常能看到的东西上，或显眼的地方，保证每天都能检视一次以上自己需要完成的任务，以提醒自己，不要迷途。

2. 付出代价

先为目标付出代价，然后如果不严格去做，就会付出了代价却没有回报，就像买东西的时候付的订金，如果最后你不要那东西，订金就要不回来了。这招是逼着自己去做。

3. 吹出牛去

把自己的目标告诉身边的人，公布出去，使大家看着你，监督你。

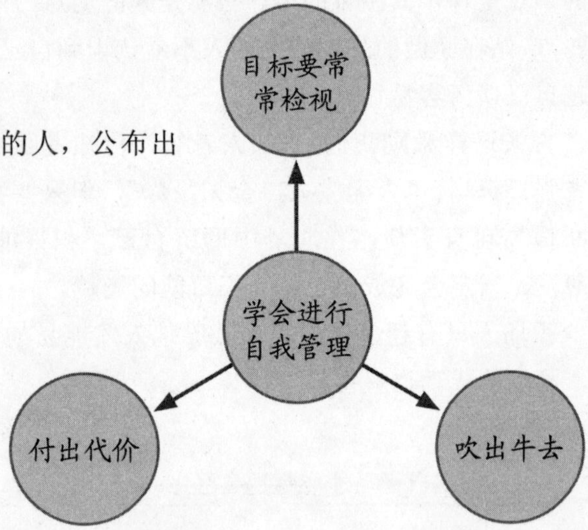


## 悟 小故事中的大感悟

这是一个发生在日本的真实故事：

有一天，一位女士上街购物，把4岁的孩子单独留在家中。返回时，在住宅楼附近碰到熟人，就停下来说话。突然，她发现自己家12楼的窗子开着，孩子趴在窗台上正向她招手——她还来不及惊叫，孩子已经失足掉了下来——她丢下手中的东西，不顾一切地向孩子奔去（请注意：她穿的是筒状裙子和高跟鞋）……就在孩子快落地的一瞬间，她接住了孩子。事后，人们做过一次模拟实验：从12楼窗口扔下一个枕头，让最优秀的消防队员从相同距离飞身来接，试了很多次但始终还差很远。

这就是潜能的力量。我们每个人都具有这种潜能，只是没有激发出来罢了。而要激发出潜能就必须超越自己。

## 职场物语

职场上最大的敌人是自己，战胜了自己，你将所向无敌。

# 我如何才能在职场上走得更远？

两个食人族的人应聘进了一个公司。

公司人事主管知道这两个家伙每天都要吃人，于是警告他们："如果你们胆敢在公司吃一个人，你们就立即被炒掉！"

两上食人族唯唯喏喏地答应，表示绝不会在公司吃人。两个月过去了，公司平安无事。

突然有一天，公司发现负责打扫公司卫生的清洁工不见了。于是人事主管非常气愤，找来两个食人族怒斥，并当场炒掉了他们。

出了公司大门，一个食人族马上对另一个抱怨起来："我一直警告你不要吃有在做事的人，你就是不听！我们两个月来每天吃一个经理，没人发现。你看现在吃了清洁工，他们马上就发现了！你真是个猪！！！"

对于很多职场新人来说，能够从事一份自我感觉满意的工作，当然希望能够在本职工作中走得更远，有更大的发展，为以后事业打下坚实的基础。但是，在职场上，会有种种的不利因素阻碍你的前行，因此，你必须要克服它们！

## 不忍可以吗？

人们常说："小不忍则乱大谋。"这是至理名言。一个人要想在职场上取得大的成就，忍耐是必修课。它是对你的考验，也是你晋升的阶梯。

### 职场没有绝对的公平

世界上没有绝对的公平，职场上也不例外。对此，每一个职场新人都应该有一个清楚的认识。

职场上，上下级之间最容易出现不公平的现象，两者地位的不同，看问题的角度自然也有所不同，随之而来的就是结论不同，同样一件事，甚至得出截然相反的结论。一些较为典型的事例，如：

◆ 一件事你做了很长时间——动作太慢；一件事上司做了很长时间——想得很细。

◆ 一项工作你做的不细——粗心大意；一项工作上司做的不细——抓大放小。

◆ 你犯错——因为你是个白痴；上司犯错——因为他也是人。

◆ 你和同事打成一片——拉帮结派；上司和同事打成一片——平易近人。

你觉得不公平吧？那当然！职场上根本就没有真正的公平。

### “忍字头上一把刀”

面对职场上的不公平，很多职场新人心理都不会平衡，产生愤怒的情绪，满腹牢骚，不思进取，对工作得过且过，心思不专。很有可能，上司又会针对这些事情迁怒于你。如此开始了恶性的循环，状况越来越糟。其实，这本可以避免。那么，如何避免呢？

答案就是：“忍耐！”

忍耐力是年轻人特别难以培养的优秀品质。职场新人要为职场人生备战，你就必须在你的堡垒里配备忍耐力。曾经当过医生的法国讽刺作家拉伯雷早在16世纪就曾经说过：“忍耐力强的人，什么事业都能完成。”莎士比亚也留下过同样的话：“没有忍耐力的人，是多么贫穷。”

人常说：“忍字头上一把刀。”忍，难能可贵；面对千变万化的世态人情，如果不依靠一个“忍耐”二字支持，会有多少人坠入困厄之境。因此，在职场中，为了能顺利开展工作。早一步走到成功的面前，要谨记：忍一时风平浪静，退一步海阔天空，“忍耐”会让你的事业“曲径通幽”。

悟 小故事中的大感悟

王林在公司第二年，办公室来了一名新主任。新主任对所管辖的部属，谁工作认真、昼夜加班、出了成绩，他看在眼里，忘在脑后；谁迟到早退，不请假或者没有给他及时送材料，他却牢牢记在心上，时不时地给你点颜色瞧瞧。

面对蛮不讲理的新主任，王林既没有当面顶撞，也没有逢迎巴结。对于自己的工作，他认真定出工作程序，交给主任过目后，再切实执行，并做好系统记录，以便主任翻阅。

王林这样认真周到地安排工作，既减少了他与新主任的磨擦，也减轻了自己的负担。

有几次，王林被主任严厉批评，但他忍住没有发火，也没有把这种情绪带到工作中去。相反，王林每受到委屈，必当机立断，检查自己的工作、处事是否有错误，并且有错必改，或是重新评价自己，进一步做好本职工作。

精明的王林为了自己的前途，时时小心，处处小心，步步小心，每一件事、每一句话都对主任格外尊敬，尊重主任的意见，听从主任的指导，多向主任请教，多多体谅主任的难处。这样一年下来，主任对王林褒奖有加，再也不像以前那样恶声恶气了，又过了半年，王林就被提升了。

职场物语

职场人一定要记住：“忍耐不是退缩，也不是平庸，当你学会忍耐的时候，成功之门已悄悄对你打开。”

## 目标真的很重要?

萧伯纳曾这样说：人生的真正意义是致力于一个自己认为是伟大的目标。有了目标才有向目标奋进的动力，才有为实现目标而百折不挠的毅力和超人智慧，才有向目标一步步靠近的喜悦。

### 没有乘客的出租车最危险

很多职场新人可能都会有这样的疑问：为什么别人在单位里能创造出很高的效率，而我忙忙碌碌却最终一事无成呢？很大程度上，你就是缺少对工作的明确目标。

工作目标对于职场新人来说非常重要，它是你职场行动的方向。没有目标的人就会成为最危险的出租车。

出租车最危险是在什么时候？

答案是没有乘客的时候。这是因为，在出租车有乘客的时候，司机有了目的地，他就会全神贯注地驾驶，同时想方设法尽快到达。而没有乘客的时候，他是盲目的，走到十字路口左转右转犹豫不定，同时左顾右盼精力分散。这时候最容易发生危险。

一句英国谚语说得好："对一艘盲目航行的船来说，任何方向的风都是逆风。"

### 目标让你永远笑傲职场

对于职场人来说，职场目标不仅是你的理想，同时也是对你行动的一种约束。有了目标，才有超越，才有发展，才有"自由"。

就像一位跳高运动员，如果他的前面不放一根横杆。让他漫无目的自由地跳高，可以肯定，永远也跳不出好成绩来。如果在他面前放上一根衡量高度的横杆，让他去超越，随着横杆不断地升高，他跳的高度也会升高。甚至会有这样的情况，在一定范围内，横杆越高，跳得就越高；横杆很低时，他的跳高水平永远也不会提高。

通过观察，我们不难发现，所有成功的人士都有一个突出的特征：就是做事都有明确的目标。目标是对于所期望成就的事业的真正决心。太多的人无法达成他们的理想的原因只是他们从来没有真正定下生活的目标，像没有乘客的出租车，在人生的大街上漫无目的地乱撞。

没有目标，任何事情都不可能发生，一个人也不可能采取任何步骤。如果一个人没有目标，就只能在职场上徘徊，永远得不到晋升，成就不了事业的辉煌。

目标会让你在职场上走得更远，让你永远笑傲职场。

## 悟 小故事中的大感悟

美国前总统罗斯福的夫人在年轻时从本宁顿学院毕业后，想在电讯业找一份工作，她经父亲介绍去拜访当时美国无线电公司的董事长萨尔洛夫将军。萨尔洛夫将军非常热情地接待了她，随后问道：

“你想在这里干哪份工作呢？”

“随便。”她答道。

“我们这里没有叫‘随便’的工作，”将军非常严肃地说道，“成功的道路是由目标铺成的！”

### 职场物语

职场人一定要记住：“没有目标的努力，犹如在黑暗中远行，永远不可能看到光明！”

## 艰难困苦很有必要吗？

在职场中任何一个人都会有身处逆境的时候，都要面对艰难困苦。而怎样对待艰难困苦将决定一个人职场的成败。

### 艰难困苦是职场的一笔财富

作为一个职场人，你无可避免地会在工作中遇到许许多多的困难，会经历各种逆境。面对困难和逆境，你必须吃得了苦，经得起考验，以自己的恒心、勇气和耐力去克服。作为吃苦耐劳坚忍不拔的补偿，相信你不论追求的是什么目的，都能如愿以偿。

反观我们身边的许多成功人士，它们大都来自清贫的家庭、破碎的家庭、偏僻的乡村甚至于贫民窟。他们之所以能成为社会知名人士和领导人物，与他们都经历过艰难困苦，是与很强的挫折承受能力分不开的。

在职场生涯的旅程中永远存在着障碍，不会因为你的忽视而消失。我们不管从事什么职业，都要牢记：艰难困苦是职场的一笔财富，我们要珍惜它。

### 用自我激励帮你走出困境

激励是一种积极的心理暗示，会对事情的成功产生积极的影响。职场人在遭遇困境时，你不妨试试每天早上照着镜子对自己说：

“我是一个有用的人，我有极高的才能和天分，我有健康的身体与坚毅的精神，对他人富有同情心，我具备如此多的优点，绝不可能不获成功的。今天我一定会遭遇好运，因为清早起来我就感觉非常愉快，对于工作我一定积极去做。”

假若每天清晨醒来时，能够把以上的话重复3遍，那么你一天的精神就会格外充沛。这些话，你不妨在洗脸的时候，对着镜子说三遍；等到进入办公室时，

再有力地重复，并且加上一点身体动作。你越是重复说这样的话，一股无形的力量便会激发你心底的潜能，使它充满你的全身，这是一种非常奇妙的作用。由于镜中呈现的是自己的具体形象，因此更可以感觉出自己的坚强和信心。

## 悟 小故事中的大感悟

古印度莫卧尔皇帝在一生中也经历过许多次失败。

有一次，莫卧尔不得不在一个马槽里躲避敌军的搜捕。作为一国之统帅不得不躲在马槽里，他越想越丧气，简直忍不住要冲出去放弃自己的生命。就在这时，他看到马槽里有一只蚂蚁艰难地拖着一颗玉米粒试着爬过一道看来它不可能过去的坎。已经是第六次了，蚂蚁从坎上翻滚下来，但小小的蚂蚁似乎没有意识到困难的巨大，他又一次衔起玉米粒爬了上去，终于成功地翻了过去。

蚂蚁搬玉米粒让莫卧尔从中受到了巨大的鼓舞，脱险后他再一次招集军队，不屈不挠地与敌人斗争，终于建立了中世纪最后一个横跨欧亚非的帝国。

**职场物语**

职场人一定要记住："艰难困苦是你职场人生的一笔宝贵的财富，有了它，你就不再'贫穷'。"

## 诚实守信很重要吗?

职场上最可贵的品质就是诚实。诚实，不但不会阻碍你前进，相反，它还是你的优势和财富，会帮助你走向成功。

### 再傻的老板也不会用不诚实守信的人

对于职场人来说，你在职场可能什么都没有，但绝对不能失去你的诚实守信，因为这是决定你能否在职场立足的最大本钱。

无论这世界怎么发展，怎么变化，诚实、真善美是不可以丢掉的，这才是人类最真实的东西。是亘古不变的。或许，在你的工作中，诚实可能会让你失去一些想要的东西。但在漫长的职场生涯中，失掉一些东西算不了什么。重要的是，诚实会让你赢得老板的信任，得到老板的重用。

如果你失去了诚实，那你就失去了一切成功的机会，因为谁也不愿与一个不诚实的人共事。对不诚实的员工，老板也许因一时之需重用你，一旦失去利用价值。纵然你才华横溢，也会逐你出门。因为不诚实的人始终是一颗随时都会引爆的炸弹，再傻的老板也不会长期把他置在身边。

### 诚实守信应该是一种长期的行为

值得注意的是，对于诚实守信，我们应该把它作为一种长期的行为，而不仅仅只是在某件事、某一场合。诚实守信一次不难，难的是面对任何情况都能选择诚实守信。不骗人不难，难的是面对自己时也能客观分析、直面真实。

作为一个在职场中打拼、奋斗、竞争的“弱势力”，很多职场人可能都会不自觉地选择不诚实守信的方式自我保护。但是一旦“自保”成了自然，那么欺骗、勾心斗角也会成为自然。如果你觉得做一个不说真话的员工对自己没什么坏处的话，那么做一个撒谎、贪大、争功、推卸责任的员工也没什么问题吗？

相信每一个职场新人都希望得到公司的信任、器重和发展，那么你在工作中的每一件事的处理上都必须严格遵守诚实守信守则，对别人，更对自己：

◆ 不对上司隐瞒，即便是工作失误。

◆ 当与同事合作工作出现问题时，第一时间找出自身问题并及时检讨、改正，决不推卸责任。

◆ 被交待超出能力的工作时坦言，不能胜任决不要满口应允。

◆ 迟到、忘记上司交待工作的时候不要以任何借口推托，承认错误、改正才是最好办法。

## 悟 小故事中的大感悟

从前有一个国王，因为没有儿子，他便向全国宣布，他要选择一个诚实的孩子作为自己的继承人。

一时间，皇宫内外聚满了想成为国王继承人的孩子。国王拿来了许多的种子分给每一个孩子一粒，并说：“谁能用这粒种子培育出最美丽的花朵，谁就将成为王位的继承者。”

到了国王规定的日子，孩子们端来了一盆盆鲜花，姹紫嫣红，争奇斗艳。在这么多孩子中，只有一个孩子拿了一个无花的花盆。他十分难过地告诉国王，他也是非常精心地培育的，而种子却始终不发芽。

国王笑了，拉着他的手对大家宣布：这就是我的继承人，因为我给大家的种子都是煮熟的，怎么会开花呢？

## 职场物语

职场新人一定要记住：“诚实守信是你行走职场永远不会失效的‘通行证’。”

## 不控制自己的情绪行吗？

人有七情六欲，喜怒哀乐是人之常情。但行走职场的成功者，是从来不会把这人之常情放在脸上的，而是把它揣进口袋里。

### 情绪化很容易会陷你于不利

一般来说，职场人由于对情绪控制力的不足，在遭遇种种顺境或是逆境时往往会控制不住自己的情绪，而把喜怒哀乐表露无遗。这其实是很不好的。一个人的情绪化很容易会被人利用，比如：

一听到别人奉承就面有喜色的人，用心者便会以奉承来向他靠近，向他要求，甚至向他进行“软性”的勒索。

一听到某类言语，或碰到某种类型的人就发怒的人，用心者便会故意制造这样的言语，指使这种类型的人来激怒你，让你在盛怒之下丧失理性，失去风度。

一听到某类悲惨的事，或自己遭到什么委屈，就哀感满胸，甚至伤心落泪的人，用心者了解你内心的脆弱面，便会以种种手段来博取你的同情心，或是故意打击你情感的脆弱处，以达到他的目的。

一个易因某事就“乐不可支”的人，用心者便可能提供可“乐”之事，好迷惑他，以遂行其意图。

喜怒哀乐是人的基本情绪，这个世界上没有喜怒哀乐的人并不存在，我们所看到的“没有”情绪的人，他们只是不把喜怒哀乐表现在脸上罢了！而在职场上，这一点是很重要的。对于职场人来说，你最好把喜怒哀乐藏在口袋里，别轻易拿出来给别人看。

### 要学会控制你情绪

前面，我们已经知道了情绪化会给一个人带来的危害。因此，职场人在行走职场时，一定要控制好自己的情绪。那么，应该怎样去控制自己的情绪呢？

这里给大家几点提示：

1. 要多做沟通

在遇到问题时，一定要想法与人进行交流，不然问题就会越积越深。你不妨多学习、多读书，沟通和相处是需要技巧的，只有掌握更多的知识，才能运用不同方式方法与不同的人进行沟通交流。

2. 保持冷静

人常说：“冲动是魔鬼！”当你遇到某一事情和问题时，先别着急，要冷静思考，然后再做出决定。

3. 不要苛求

凡事不要苛求什么，要学会缓解和释放压力，调整好心态，心平气和地做人做事。

4. 转移注意力

当发觉自己的情感激动起来时，为了避免立即爆发，可以有意识地转移话题或做点儿别的事情来分散自己的注意力，把思想感情转移到其他活动上，使紧张的情绪松弛下来。比如迅速离开现场，去干别的事情，找人谈谈心、散散步等。

5. 心理换位

当你为某些事情想迁怒别人时，最好是先通过心理换位来克制一下自己，站到对方的角度上想问题，“将心比心”，来体会一下别人的情绪与思想。

6. 升华不良情绪

所谓升华，也就是将消极的情绪与头脑中的一些闪光点联系起来，将痛苦、烦恼、忧愁等其他不良的情绪，转化为积极而有益的行动。例如，当你工作业绩不是很理想时，可能会情绪低落，但如果你不甘心落后与失败，能振作精神，奋起直追，这样就把消极情绪转化为积极的行动了。

悟 小故事中的大感悟

李丹是一家大型企业的高级职员，她的能力是有目共睹的，无论是工作能力，还是文字水平，均是单位一流水平的人才，这一点上司也是充分肯定的。平时，李丹的热情大方，率真自然，是比较受人欢迎的。

但是，成也萧何，败也萧何。李丹的率直和不加掩饰，在职场中有时可是个大忌。

不久前，单位提拔了一个无论是资历、还是能力和业绩都不如她的女同事。李丹很是生气，平时上司就对这位女同事特别关照，什么提职、加薪等好机会都想着她，好事几乎都让她承包了，眼看着处处不如自己的同事，一年之内竟然被“破格”提拔了三次，可自己的业绩明明高出她好几筹，可上司好像视而不见，只是一个劲地让她好好工作，而好机会总没她什么事。

这次，李丹真的恼了，她义愤填膺地跑到上司的办公室去“质问”，并义正言词地与上司“理论”起来，可上司那儿早已准备了一些冠冕堂皇的理由，尽管这样上司还是被李丹搞得非常狼狈。

从这以后，李丹的情绪一度受到影响，还因此备受冷落，同事也不敢轻易同她说话了。李丹很难受，又气又急又窝火，她怎么也想不通为什么工作干了一大堆，领导安排的工作也能高标准地完成，可为什么总是费力不讨好呢？看看那位女同事，也没干出什么出色的成绩，可人家不慌不忙的总是好事不断……

## 职场物语

职场人一定要记住：“你无法改变天气，却可以改变心情；你无法控制别人，但能够掌握自己。”

# 我可以更聪明一点地工作吗?

一个打工仔对朋友说:“近来,我的推销生意做得挺好,主要是结识了一个难得的合伙人。”

“你俩是怎样合作的呢?”朋友问。

“他走街串巷,卖一种专门洗厨房污渍的清洁粉。两天以后,我再沿着他的路,去卖另一种清洁精,专门洗去用过他的清洁粉而留在手上的蓝颜色。”

事实上,职场就是我们的另一种人生,这里面暗流汹涌,波澜起伏。职场新人要想在此种险恶的环境中求得生存,就必须要懂得一些职场生存的智慧,并且灵活加以运用,这样才能在职场中如鱼得水,平步青云。

## 成功可以是"借"来的吗?

几何学大师阿基米德曾说:"给我一个支点,我可以撬起地球。"这是一句多么富于想象而又激动人心的话!这句话为我们道出了一个真理:人类的任何事业都需要一个支点,只要找到恰当的支点并借助它的力量,就没有什么事情不能成功。

### 一个好汉三个帮

俗话说:"一个篱笆三个桩,一个好汉三个帮。"这个道理谁都懂,作为职场人的你可不能不懂!

事实上,我们每一个人在自己的生活中都曾经广泛地借助外力,只不过我们没有明确地意识到或没有达到充分的自觉而已。作为万物之灵长,人类具有优于其他物种的卓越智慧,只要我们自觉而广泛地借助外力,就可以使生活道路上的种种困难之峰冰释殆尽。

每个成功者的道路都洒满他人的汗水;过河有人架桥,翻山有人修梯,穿越荒野有人披荆斩棘。在我们这个阻碍重重的世界上,一个人独行简直不可思议。秦王一个人灭不了其他六国;刘邦一个人打不败项羽;连去西天取经的唐僧,也离不开三个徒弟。这正如有人不仅看到了辛勤耕耘的黄牛,也看到了黄牛背后不断抽动着的鞭子,这正是其见识的独到之处。

天马行空,独来独往,不过是一句疯话而已!

### 不做职场"阿斗"!

借助外力,可说是职场新人职场生存竞争的第一法则。职场之上,你在攀登事业高峰的过程中,借助外力,不可或缺。也许就在某个关键时刻,借用一把外力,可使"鲤鱼跃过龙门",使你有了施展抱负的舞台。

有人做过统计,91%的中、高层领导有借助外力扶持的经历;自行创业成功的老板99%善借外力。因此,借助外力的作用不可小觑。职场人要想在职场上走得稳，在晋升过程中稳操胜券，一定要善借外力。职场中的“外力”形形色色，他也许是你的顶头上司，也许是你的间接上司，甚至也可能是你的同事，应视具体情况而定。

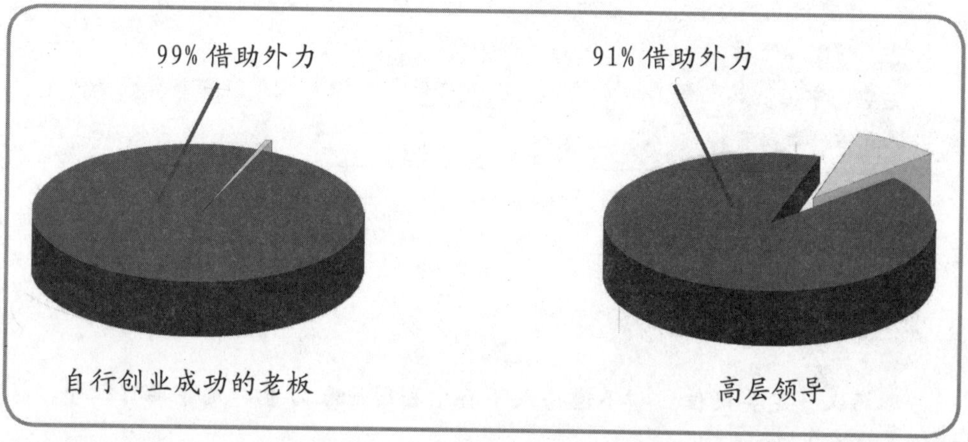


俗话说：“烂泥抹不上墙。”若你自身水平很低，是一个扶不起的阿斗，再怎么借用外力也无济于事。所以走“借力”路线有个重要的前提：你必须具备一定的能力和水平。

### 小故事中的大感悟

东非大草原上，一丝风也没有。

一名鸟类学学者与他的学生一起，发现一只兀鹫落脚在棵孤零零的树上。

“现在应该是兀鹫觅食的时间，它为何呆在树上偷懒歇息，难道忘记巢中还有嗷嗷待哺的幼鹫吗？”学生不解。

“当然不会，”学者笑道，“它在等待有利‘飞行气候’的到来。”

“你相信吗，现在我不需要借助任何工具，徒手就可以逮住它？”学者胸有成竹。

“什么！”学生疑惑不解，“难道老师的双腿可以赛过兀鹫的翅膀？”

学者将兀鹫轰了起来，兀鹫飞行了100米左右，落在了另一棵树上。学者再次将兀鹫轰起，飞了不远，兀鹫又找到一棵树落脚。如此反复三四次，兀鹫精疲力竭束手就擒。

这就是翱翔高空、俯瞰一切的兀鹫吗？学生觉得太不可思议了。

一改刚才的猎人姿态，学者又恢复了原来的文静。“每一种鸟都有自己肌肉力量的极限，超越了这一极限，再猛的飞禽也就只是走禽了。”

“与其他鸟类相比，兀鹫的体积大、体重重，所以欲搏击长空必借助外力成全。刚才，兀鹫就是在等待这种外部力量——上升气流。”

噢，学生恍然大悟：蛟龙离水，匹夫可制；兀鹫无风，徒有双翼。任何人要想成功，都要善借外力。

**职场物语**

职场人一定要记住：“不懂得或不善于利用他人力量，光靠单打独斗，在职场上难有大作为。”

## 只要和“一把手”处好关系就行了吗？

在职场上，有很多人在与上司的接触中，往往只顾着与上司搞好关系而忽视了与“二把手”的关系。因为他们认为有劲要使在刀刃上，要找关键人物，要找说话算话，一句顶一句的人，只要“一把手”点了头，还有什么事不好办呢？至于“二把手”不得罪就行了。须知这样一来，反而欲速则不达。

### “二把手”比“一把手”更不能得罪

在处理与上司的关系上，职场人往往就显得不够聪明。他们往往认为谁官大，就跟谁处好关系，对其他副职领导不太重视，结果给自己设置绊脚石，磕磕绊绊地走在艰难的职场路上。

对于很多职场人来说，都弄不明白，究竟为什么要与“二把手”搞好关系？

分析而言，一般职场“一把手”都会是一个正人君子，用不着顾及和他的关系，只要好好干、出成绩他就满意了。而“二把手”在业务方面没有多大的本事，但是心眼都用在为人处事上，如果在背后起点消极作用，你会吃不消。

“二把手”出于其地位上的原因，比“一把手”更需要尊重和理解，他们虽然不能说一句顶一句，但有自己的圈子和能量，千万不能低估，更不能回避。

我们通常所说的“二把手”，一般是指上司的副手、秘书，或者是上司的太太。有很多公司，和老板有关系的“王公贵族”也是得罪不起的，在某种程度上，他们也是公司的“第二领导”。这种人依仗和老板关系，很受重用，也可能喜欢炫耀，言语张狂，一副小人得志的模样，如果你的鄙视让对方感觉出来，对方当然发火，闹起来后你多半没有好果子吃。

## 明哲才能保身

对于职场人来说，你应该如何与所谓的“王公贵族”相处以明哲保身呢？

你应该善于发现“王公贵族”的优点，到底哪些地方比你强，学会尊重他。如果你找不出他强的地方，应该想到至少有一样他比你强，就是有一个做老板的后台。这时候，你应该平衡心理，胸中纵有千言，而口中不吐一语。笑脸迎人，永远不会让人对你有成见。

如果你发现对方很平和，喜欢玩笑，容易近人，没有那种爱摆架子的陋习，你千万不要麻痹大意，把他和其他同事一视同仁。其实与他相处，你更应该谨慎应付，分清什么话能说，什么话不能说，就算是开玩笑，也不能透露出对老板、对工作、对公司的不满，不能满腹牢骚乱发，如果你想跳槽，更不能让对方知道，以免间接传到老板的耳朵里。

也许你认为和对方投缘，说什么他也不会出卖你，但是“画龙画虎难画骨，知人知面不知心”，他是老板的亲信，不可能不为老板着想，就算对方无意打你的小报告，保不定他与老板聊天时谈起你，因为老板与他比较亲密，他又对你比较熟悉，你就成了他们的话题。

如果你还怕麻烦，避免跟他过多接触，保持距离为上。不过，这是一条中策。只要你谨慎一点，可以免去许多担忧，对方不会过多关注你，你的能力就不会很好地被发现，对晋升、加薪很不利。当然，学会和懂得利用经常出现在领导身边的老板的亲信，会对自己的升迁有好处。

## 悟 小故事中的大感悟

三国时期的曹丕是曹操的大儿子，他和自己的弟弟曹植争夺太子的宝座。曹植自恃文才过人，父亲又重才胜过一切，便不拘小节，违反了曹操的规定。曹丕自知文才不如曹植，便在一次为曹操送行时，一语不发，叩头大哭，令曹操感动不已。

曹丕素日尊敬父亲身边的一切人。最后连曹操的两个宠妃也替他说话。这样曹操就把他立为太子，最终顺利地登上了皇帝宝座，据史书载，他还是一个很有政绩的帝王。

现在看来，曹植对父亲的作用过于夸大。他以为父亲是说一不二的一国之王，只要父亲喜爱自己，就不必顾及其他人了。曹丕就比较聪明，调动了父亲方方面面的“二把手”为自己说话，终于登上了皇位。

## 职场物语

职场人一定要记住：“‘二把手’虽不能说一句顶一句，但其作用是绝对不能忽视的，小瞧他们是最不明智的做法。”

## 负责任一定好吗？

我们在工作中，常能听到有人漫不经心地说：“有事我负责！”甚至把这句话作为口头禅，其实这是一种不负责任的表现。出了事情，责任谁都能负，但谁也负不起。责任是有限度的，不是从一开始就随随便便地表示负责到底才是有责任感，而是负自己该负的责任才对。

一个有趣的现象就是，职场人要么很不负责任，要么就是任何责任都想往自己身上揽。

也许，职场人当务之急就是要弄清“负责”到底是什么？

### 责任究竟是怎么一回事

“负责”是一种称赞的话，是基于一种对人对事的“责任感”。“责任感”重点在于后面的“感”字。不是责任，而是感受责任，所以不是只要说愿意负责的话就可以了，而是要亲自感受自己应该负起的责任。一般人往往不去衡量自己的力量，光是一副正义凛然的样子拍胸脯来表示愿意负责，却没有考虑到现实的后果。

责任并不似权利义务那么具有强制性，它的道德含意比较强，但实际上却没有什么约束力。然而，在与人交往时，彼此会不经意地在对方的身上加诸太多责任。在工作上，我们必须义无反顾地担负一些公事上的责任。有时候当工作没有成绩时，即使并不是自己的过失，仍然得负起连带责任。这个社会就是这样，随时随地都要负起责任。在这种情况之下，当我们受到别人的请托，为了达成任务所尽的力就是负责。

### 三思而后言

职场上，竞争日益激烈，随便揽责任会授人以把柄，陷自身于困境。其实，帮助别人本身无可厚非，关键是量力而行。不衡量自己的实力，什么事都说“我能行”与一个莽汉没有什么区别。你要为你所说出的话负责，就必须“三思而后言”。

职场人身处职场，在与人交往时，不要随便地拍胸脯说些不负责的话，而是拿出行动来负责。聪明人向来行在前，言在后。对于别人的请求，既不能马上答应，也不能马上拒绝。假如你马上一口拒绝的话，那么，对方极可能就会认为你不肯帮助他，甚至你们的关系因此而僵化，说不定以后你可能有什么事要找到他的话，尽管别人是有能力帮助你的，但对方却记起前“仇”以牙还牙。因此，最好是使对方认为你已尽心尽力地为他服务了。

若碰上别人要你帮忙找工作，你有这个能力，那就好说。若你没有这个能力，但碍于情面推不掉，就不妨这样去做：立即请对方写份简历，包括毕业于哪所学校、所学专业、本人志趣和特长、思想表现等交给你。这样别人就亲眼看到了你想帮他忙的事实，造成别人产生可能找对了人的错觉。同时你可以坦率诚恳地说：“你的事就是我的事，我会尽力而为的。明天我马上拿你的简历去找熟人……过几天你再来好吗？”

几天后，你应该抢在人家还没有来之时，去个电话或亲自上门去拜访。“这几天我一直为你的事活动，东门那个单位可能没有什么希望。南门那个单位却说要研究研究。”

再过两三天，你主动找到他：“真对不起，你托的事目前都已落空了，我通过所有我熟识的人，但却……真没办法，等以后有机会再说吧。”

尽管你根本没去找那些熟人，但朋友一定对你感激不尽，你也不会被别人误解，没有尽到责任。但这种方法不宜常用，只能偶尔为之作为应急之法。经常为之，定会露出破绽，遭人指责。

大多数人都喜欢言出必行的人，却很少有人会用宽宏的尺度去谅解你不能履行某一件事的原因。

悟 小故事中的大感悟

某甲埋怨某乙，说："你分明答允了我，怎么还没替我办成？！"

某乙："哎，怎么给你说呢？那天答应你的事，我也是很难为情，不好意思拒绝你，事没办成，我也是很为难！"

某甲："我说你怎么回事啊！早点说办不成我就找其他人来办了！"

某乙无语……

**职场物语**

职场人一定要记住："该你负的责任别推托，不该你负的责任千万别揽，随便揽责任等于自跳火坑。"

## 无可挑剔就一定好吗？

许多人都这样认为，做一件事，就要把它做得尽善尽美、无可挑剔，这样才算是好的。然而，在职场中，这并不见得就一定对，一定适用。

### "露"也要露的巧

职场人在进入职场的初期，为了能够在上司或是同事面前表现自己，通常都爱"露白"自己，在做事情时都会追求尽善尽美，以显示自己的能力。

在上级面前展现才华并没有错，可是要掌握一个"度"、一种方式方法，是"锋芒毕露"还是"犹抱琵琶半遮面"。

"露"要掌握时机，即不可乱"露"，时势造英雄。如果公司里有一项业务，上司和其他同事都无力承担，只有你一人较为熟悉，那么你就可以乘机“露”一手。

“露”还要看你的上司是怎样的人。上司开明，他会因你外露的才能而重用你。但不要以为每个上司都是开明的，如果你在嫉贤妒能的上司面前“露”一手，就得注意点方法。你若是忘乎所以，“露”起来没完，那就像在武大郎的烧饼店里表演烙饼技术一样，你要走背运了。若你能“露”得有技巧，让上司显得比你高明，那才是“露”的高境界。

## 留个“小辫儿”让上司抓

职场人在处理上司交办的事情，一定要尽可能地争取时间快速完成。而不要过分纠缠于办事的细节和技巧。因为如果你把事情处理得过于圆满而让人挑不出一点毛病的话，那就显示不出上司比你高明的地方。否则，当上司的就会感到有“功高盖主”的危险。

所以，精于与上司相处的人，常常故意在明显的地方留一点儿瑕疵，让人一眼就看见他“连这么简单的都搞错了”。这样一来，尽管你出人头地，木秀于林，上司也不会对你敬而远之，他一旦发现“原来你也有错”的时候，反而会缩短与你之间的距离。

其实，适当地把自己安置得低一点儿，就等于把上司抬高了许多。当被下属抬举的时候，谁还有放不下的敌意呢？要知道，只有当他对别人谆谆以教的时候，他的自尊与威信才能很恰当地表现出来，这个时候，他的虚荣心才能得到满足。

### 悟 小故事中的大感悟

杨志在某钢厂宣传处工作，有一天，处长突然叫他整理一个劳动模范的先进事迹。据知情人士透露，这其实是一次考试，它将关系到杨志是否还能继续在机关干下去。本来对这样的材料，他并不感到为难，但有了无形的压力，便不得不格外用心。花了一个通宵，写好后反复推敲，又抄得工工整整。第二天一上班，就把它送到了处长的桌子上。

处长当然高兴，快嘛，字又写得遒劲、悦目，而且在内容、结构上也没有什么可挑剔的。可是，处长越看到最后，笑容越收紧了。末了，他把文稿退回，让再认真修改修改，满脸的严肃，真叫人搞不清什么地方出了差错。杨志转身刚要迈步，处长像突然想起了什么似的说："对，对，那个'副厂长'的'副'字不能写成'付'，改过来，改过来就行了。"

这么简单！杨志马上说："哦，是我写错了，还是您厉害，我这就改过来。"并且很快改好送给处长。处长又恢复了先前高兴的样子，一个劲地夸道："来得快，不错。"考试自然过关。还是优秀哩！

## 职场物语

职场人一定要记住："抬高上司，贬低自己，看似自己吃亏，实际上真正被抬高的是你自己。"

## 成功可以模仿吗？

毫无疑问，模仿是通往成功的一条捷径。在我们的周围，有不少人，他们事业的成功、人生的辉煌就是从全身心地效仿成功者开始的。

### 为什么要模仿？

如今有些职场人，对于模仿是很不屑的。他们总是想要自己独创出一些什么东西来，这样才显得不一般，才显出自己的优越感。这种创新精神的确是值得赞扬的！不过，请不要忘记，创新毕竟还是少数，复制、模仿仍是当下的“大道”。

模仿在人们的生活中是相当重要的活动，它是人们学习和获得技能的重要手段和途径。

一般而言，成功者走过的路，通常都不适合其他人跟着重新再走。在每个成功者的背后，都有自己独特的、不能为别人所仿效和重复的经历。但是，你所要走的路当中，总有那么一段，同他们曾经走过的路，往往有相似的地方。

有时候，大家所走的其实就是同一条路，即使有所区别，也不过是大同小异。

有时候，大家所走的其实就是同一条路，即使有所区别，也不过是大同小异。只是因为你看不见、或者没有注意别人已经走过了，以为自己走的是一条新路。人们常常沉溺于自我摸索，不屑于观察和模仿别人，这样，容易失去借鉴的机会，最后吃亏的还是自己！

走一条从来没有人走过的新路，总是比走别人已经走过的旧路要慢。因为，走新的路，通常要遇到更多的障碍，要面对更大的风险。看清楚眼前要走的路，特别是留意别人怎样走同样的路，一定有让你受益的地方，它让你避免重复别人已经走过的弯路；另外有一些路，很值得你跟着别人一起走，这会让你成功的机会更大，就像大雁互相依靠着飞行一样。

先知先觉者，往往成为沉舸枯木。很多一闪即逝的明星企业，就是例证。所以，不要在乎自己是否跟着别人走他们已经走过的旧路，成功往往不是因为你发现了一条新路，而是因为你走在别人的前面。开始的时候，模仿是最值得做的事情，成功起步的可能性也大得多。反而，创新面对的压力、风险更大，未知因素更多，也更难把握得住，即使你立志要创新，也未必有基础、条件和力量允许你这样做。

## 要有所创新地模仿

有了一定工作经验的职场人士都不难发现，在职场生涯中，模仿上司是提高自己的不可替代的捷径。没有人会随随便便成功，上司之所以成为上司，一定有他的过人之处。如果一个人还不具备职业经理人所应该具备的眼光、经验和可掌控的知识，又怎样能作为灵魂去统领一个团队呢？

古话说：师傅领进门，修行在个人。职场人提升自己眼界的好办法之一就是去观察你的老板，欣赏你的老板，不遗余力地把老板压身的技艺偷学过来。好让自己在最短的时间内以最完美的姿态完成职场上的蜕变。

诚然，模仿也并不是一味地雷同，全盘吸取，你应该有所选择地模仿。此外，别忘还应充分调动自己的大脑思维，在模仿中要有所创新和突破，不断发展自己的独特个性，这样你才能有所超越。

## 悟 小故事中的大感悟

某大型企业新招进一批大学毕业生，全部安排到车间里实习锻炼。可是该企业的老板和员工们就意外地发现一个问题，刚招进车间的一个小青年。从衣着打扮以及说话时的神情语式，无不在刻意模仿老板。这还不算，在后来的几天里，小青年又夹起了与老板一模一样的文件包，戴上了与老板一模一样的眼镜……

企业内部的不少员工感到特别的奇怪，于是，开始有人指指点点、议论纷纷。老板再也沉不住气了，为了少见这个小青年几眼，一纸调令把他调入了供销科，心想，让这个怪怪的家伙全国各地跑去吧。

谁知，这个小青年不但模仿能力特强，而且有一种超人的业务水平和办事效率。在销售部里很快就出类拔萃、无人能比，不凡的业绩、高额的提成，让他如鱼得水，更加扬眉吐气、自视不凡。当同事们向他讨教无往而不胜的业务技巧时，他直言不讳地相告：自强自信加上这身让人瞧得起的行头。

尽管他对企业忠心耿耿、任劳任怨、成绩显著，老板的心里还是不平衡，甚至有一种说不上来的压力，觉着他无论如何不该模仿自己。半年之后，老板想把这个小青年支开的机会终于来了，该企业要在海南建立分支机构。于是，又是一纸调令，把他派往遥远的海南。

在派往海南的首批人员中，尽管有几位包括分管经理在内的中层领导，可是，前来机场欢迎的海南的有关负责人第一个握手的竟是那个小青年。就连先期到达的该企业的顶头上司——企业局的领导们，也没弄清这个小青年的真实身份，在招待宴会上，硬是拉他坐在显要的位置……

就这样，分支机构正式开张之时，这个一没背景二不是干部的小青年，就稳稳地坐上了这里的第二把交椅。半年之后，他成为海南分部的总管；一年之后，海南分部发展成为该企业的总部，他仍是这里的总管。

## 职场物语

职场人一定要记住：“没有模仿，人就不能长大；没有创新的模仿，人就会陷入停滞。”

# “跳槽”还是“卧槽”？

天庭上——

一开始嫦娥和玉兔在天庭里走，

于是嫦娥对玉兔说：都几千年了，我们跳吧！

于是玉兔说：好，我们跳！

玉兔先嫦娥跳下了凡间，嫦娥紧随其后。

画面切换——

一群土著居民正围在一起烧烤（很原始的生活）

于是紧接着，玉兔掉进了一个土著的怀里：啊，是兔子！

再接着，嫦娥也掉了下来，刚好掉在烧烤的架子上，

摔得灰头土脸的，什么形象都没有了！

跳槽，是职场中的一个永恒的话题。对于职场三十的人来说，最令其犹豫不决的莫过于是否决定要跳槽，该怎样跳。和刚进入职场的年轻人相比，职场三十的人跳槽多了很多顾忌，像年龄、技能、家庭、爱情、婚育，等等问题，都是职场三十的人决定跳槽时必须要考虑的问题。只有很好地协调以上种种的问题，你的跳槽才会是一次成功的行为。否则，请你还是“卧槽”吧！

# 跳，还是不跳？

对于职场三十的人来说，跳槽绝不是一件什么潇洒的事，由于家庭、爱情、婚育、专业、技能、年龄等等客观因素的制约，很多人在跳槽前都会经历一番痛苦的挣扎——“跳还是不跳”，这确实是一个难题！

## 跳槽需“三思而后行”！

是否要跳槽，在做出决定以前，你必须三思而行——

◆ 我的本职是不是没有发展了？同行的看法如何？专家的看法又是如何？如果真的已无多大发展，有无其他出路？如果有人一样做得好，是否说明了所谓的“无多大发展”是一种错误的认知？

◆ 从事本职这些年我是不是真的不喜欢这一职业？或是这个职业根本无法让我的能力得到充分的发挥。换句话说：越做越没趣，越做越痛苦！

◆ 对未来所要转换的职业以及公司的性质及前景，我是不是有充分的了解？我的能力在新的职业，在新的公司是不是能如鱼得水？而我对新职业的了解是否来自客观的事实和理性的评估，而不是急着要逃离本职所引起的一厢情愿的自我欺骗。

总结而言，通常，跳槽者最看重未来职业以及新公司的薪酬、发展空间、生活方式、企业文化、信任感、影响力。而每个人对这六个方面的考虑是不同的，同一个人，在不同的职业生涯阶段重视的方面也是不同的。

## 如此情况该跳就跳吧

跳槽，总得有个原因。那么，对于职场三十的人来说，什么是你必须选择跳槽的原因呢？对此，一位资深人力资源专家建议，下列情况，出现其一，就应该考虑跳槽：

**专家提示**

作为一个"准跳槽者"，在行动之前一定要考虑周详，切忌意气用事，更不可盲目跟风。

◆ 没有发展空间。在单位感受压抑，无法发挥你的优势，不被重视，发展、晋升空间小。

◆ 对目前的工作缺乏激情或者兴趣。对工作失去激情或者兴趣，注定不会成功，应该马上跳槽。

◆ 公司面临倒闭。皮之不存，毛将焉附？

◆ 不能胜任现在的工作。迟早被开掉，识时务者为俊杰。跳吧！

◆ 损害健康的工作。身体是革命的本钱，如果不能承受巨大的工作压力，或者工作本身损害身体，就跳槽吧！

◆ 有更好的机会。更好的机会的含义应该是新的工作能够给你带来积极的变化。

## 一定要体面地离开公司

如果你在一家公司已经走到了尽头，你又找到了一份称心如意的新工作，在等待交接的日子里，请注意保持自己一贯的工作作风，善始善终，保持你的名声，体面地离去。

◆ 对任何人都不表示异议。不指责、不否定，特别对你的上司，还有那些迟早会掌握权力的同事。

◆ 在最后两周内不要利用工作时间给亲朋好友打电话，最忌讳在电话里炫耀自己已另谋高就或炫耀自己的新工作如何优越。不要在任何人面前抱怨自己在这里得到了不公平的待遇，你要把情绪封存起来，准备把精力投入新的工作。

◆ 不要拿走公司的任何资料。

◆ 准时上下班。不延长午餐时间，像往常那样工作。

◆ 不挖属于公司的客户，不做有损公司名誉、利益的事。不提前或不负责任地撂担子。

◆ 不少人试图在最后几周内消除多年来与上司或同事之间的不和，希望彼此保留好印象。这往往徒劳无功，或许默默接受既成事实更自然。

◆ 不要主动提建议。你也许好心地想在离开时向上司提些建议，但你既然辞了职，在上司的心目中就不再是真正的雇员，你的建议或评论很可能会引起他的误解。

◆ 最忌讳的是预测公司前景暗淡，留在公司的人有谁希望听到此类评论呢?

## 如果你选择了“卧槽”

在对跳槽的各项因素权衡利弊后，你决定还是选择“卧槽”，留守本职。另外，值得我们关注的一个现象是，如今全球经济危机正在肆虐，职场也无可避免，因此，许多人也都打消了跳槽的念头。

不管怎样，你是选择了“卧槽”。然而，你还打算重复以前的生活吗？——你之所以要跳槽，就是为了摆脱那种生活，寻求升职或是加薪，以图更大的职业发展。那么，“卧槽”以后，你应该如何去做，以实现你的职业发展初衷呢？

首先，你应该遵守职场规则。不要做一天和尚撞一天钟，而应在本职岗位上更加勤奋努力。事实就是这样，倘若别人怎么做你也怎样做，晋升加薪的机会就很难落在你的头上。所以你需要比别人多做功课：多学，多问，多留意，多思考，并在工作中不断尝试总结，比别人做得更快，比别人做得更好，比别人做得更巧，比别人做得更早。

其次，找准定位，厘清自身职业目标和规划。在沉下心来做好本职工作的同时，积极补充和更新知识和技能，拓宽职业以及事业思维，寻找职业及事业发展出路。如果你做的是销售工作，你应该更积极地发展自己的客户关系。

再次，培养个人影响力。你既有能力也不断追求，但就是没有好口碑，恐怕晋升加薪机会也很难落到你的头上，特别是管理职位，公司总不会愿意任命一个不能服众的人来带领团队，或因提拔你而增加内部的非安定团结因素吧？所以你需要有很好的个人影响力，这是属于你个人的宝贵财富。

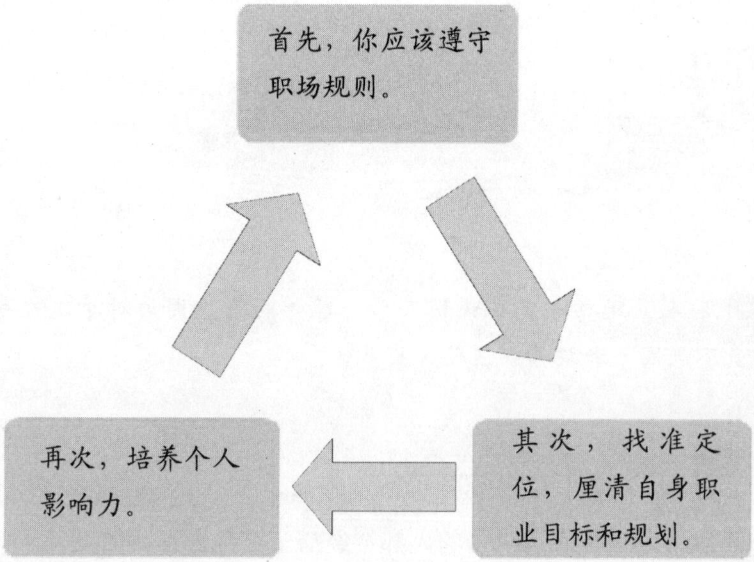


职场物语

跳槽最基本的原则就是：人往高处走，水往低处流。

# 跳槽，为何要“小心翼翼”？

职场三十的人，跳槽一定要谨慎而为、理性而为。因为对于这样年龄跳槽，你的自身不利因素和跳槽误区还是挺多的。

## 跳槽，你在担心什么？

对于是否跳槽，很多职场三十的人都会经历一个犹豫不决的过程，对自己所做的跳槽决定慎之又慎，其原因主要有以下几点：

1. 很难从头再去学习

2. 精力一天天地下降

3. 很难融入新的环境

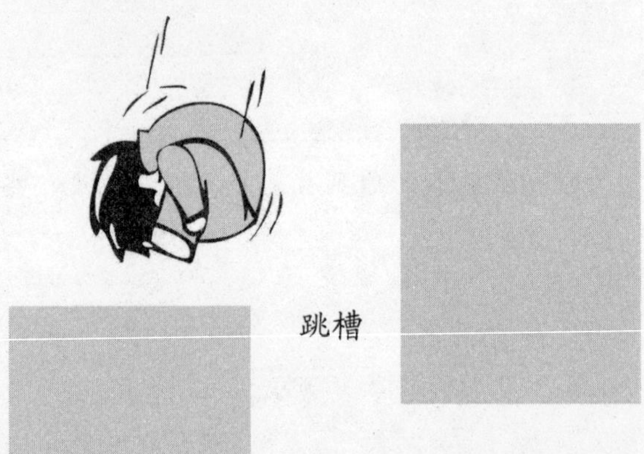


1. 很难从头再去学习

在原单位工作了近10年，积累了丰富的实践经验，摸索出了一套工作规律，工作起来得心应手，而一旦跳槽，到了新的环境、新的岗位，一切便要重新摸索，从头学起。

2. 精力一天天地下降

跳槽不可避免地需要牵扯许多精力和体力，而人到中年万事忙，上有老，下有小，家庭社会一担挑，加之体力的生理性下降，精力也难与年轻时相比。跳槽前后，都需要精力和体力的极大付出。如果眼前的工作基本顺心的话，就没有必要跳来跳去。跳到哪里，大同小异，都是干工作。还不如腾出有限的时间，维护好眼前利益。

**专家提示** 如果自尊心较强，就不易做到不耻下问，这必然会给一心想在跳槽后尽快干好新工作的跳槽者带来沉重的心理压力。

3. 很难融入新的环境

跳槽后必须重新适应新的环境、新的工种、新的人际关系，而大龄人适应能力远不及年轻人有“塑性”。

一来年龄大了，个性已经定型，已经在长期的生活工作中养成了自己的行为习惯，想通过改变自己去适应环境的能力明显降低。

二来接受新生事物的能力也不如年轻人强，而跳槽前后及过程中，必须要有这方面的能力，这就对自己在这方面提出了很高的要求，将面对很大的压力。

职场三十的人，大都在原单位工作了许多年，无论是同事还是上下级之间，彼此的脾气、习性、兴趣、爱好等等都相互了如指掌。工作也是轻车熟路，驾轻就熟。而跳槽后，面对的一切都是“新”的：新同事，新领导，新工作，新环境，磨合期不会很短。

## 千万别陷入跳槽的心理误区

跳槽，如今已被越来越多的人认同、接受，很多人通过跳槽寻找更适合自己的工作。然而，不可否认，有些人跳槽后未能如愿以偿，甚至每况愈下。对后者来说，跳槽变成了跳“糟”，而且越跳越糟。可见，虽然人人都有权跳槽，但不是每个人都能达到预期的目标。

造成跳槽结果不如人意的原因很多，其中很重要的因素就是：跳槽者的心理状态陷入了误区：

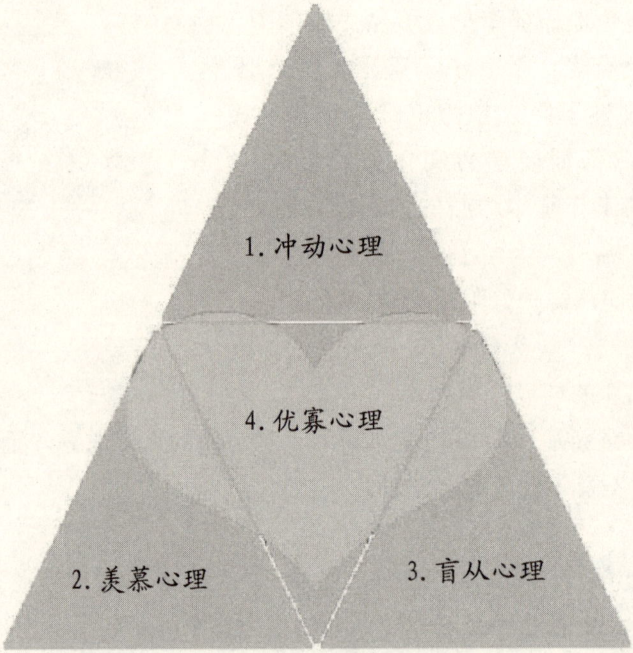


1. 冲动心理

有些人原先并不打算跳槽，只是由于碰到一些突发事件（例如，未获得期望的奖励、晋升、出国，人际关系紧张，岗位调动不理想等），才一气之下决定跳槽的。这些跳槽者的心态是急于跳出原有的工作单位，一个心眼“先跳出再说”，而对将要加入的新单位的情况却未做全面、充分的了解。这样跳槽，很难找到适合自己的工作，成功率较低。

2. 羡慕心理

有些人看到别人跳槽后收入高了、福利待遇好了、职务升了……便不禁产生羡慕心理，也跟着跳槽。殊不知每个人的情况不一样，对别人合适的对自己不一定合适。这些人只看到别人好的一面，而没有考虑自己与别人能力的差异，也没有考虑新单位、新岗位对自己是否合适，怎么可能成功呢？

3. 盲从心理

有些人看见别人跳槽也跟着跳，跳的时候没有根据自己的能力和特长选择单位，而是哪一行热门就跳去哪一行业，哪个单位待遇好、收入高就跳到哪个单位。这样，很容易造成专业不对口，很容易陷入“英雄无用武之地”的境地。一旦如此，必然难以成功。

4. 优寡心理

有些人决定是否跳槽时犹豫不决，举棋不定，既对新工作满怀兴趣，又不舍得放弃原有的工作，没有认真权衡利弊就草率决定跳槽。鱼与熊掌岂能兼得？凡事有得必有失，是否跳槽权衡的关键在于“得多”还是“失多”。若忽视了这一点，就容易出现失误。

## 将跳槽风险尽量最小化

对于职场三十的人来说，通常会将跳槽的安全和保险性看得比较重要，因为跳槽的成功与否，会直接影响到你的人生成功与否、家庭与婚姻和谐与否等。因此，在跳槽时，你要尽量把跳槽的风险尽量最小化：

1. 培养内线，有空缺职位就跳

就公司雇用程序看，除非是流失率非常高的公司、领域，一般大规模招聘机会很少。一般公司出现岗位短缺，内部人员是最早得知信息的。而这时，招聘也主要依靠内部员工介绍，所以，如果你有了目标公司，不如看看有没有人可以推荐自己，那样跳槽的成功率要高很多。

2. 拿到自己的报酬后再跳

如果你是销售管理人员，而且本年度绩效相当不错，建议你应尽量在年底拿到红包后跳槽。毕竟你辛苦了一年，而且年终的三项指标核算（营收、销售费用、毛利）能帮助你估价自己在公司、行业与市场上的身价。当然，如果你更看重个人的职业发展，而且得到的聘书质量明显好于现职位，那就不要计较眼前小利，踏实跳吧！

3.“骑驴找马”或“骑马找马”

跳槽者最为关心的就是如何最大限度地化解跳槽风险、减少跳槽成本。那最保险的做法是不要急着辞职，对于职场三十的人而言更应如此。你可以先干好本职工作，同时，瞅着机会，一旦有了跳的可能，就迅速抓住机遇。要切记，在没有和新东家谈好之前，不露任何的蛛丝马迹！

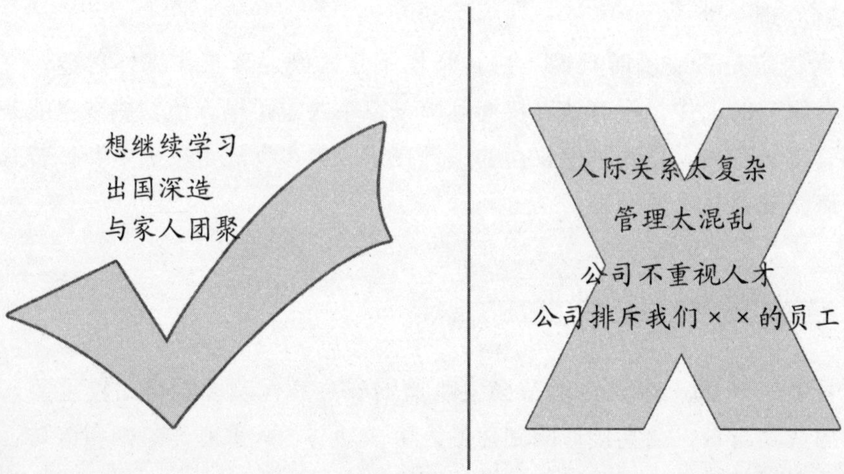


在谈到辞职理由时，也有一定的技巧。往往“想继续学习”、“出国深造”、“与家人团聚”等理由可以被接受。而如“人际关系太复杂”、“管理太混乱”、“公司不重视人才”、“公司排斥我们××的员工”等，这些理由则不会让新东家对你有什么好感。

职场物语

如果你不想把跳槽念成“跳糟”，那你最好是谨慎为上！“骑驴找马”或“骑马找马”不失为好办法。

# 如何给自己找到“事业后盾”？

每个经历过跳槽的人都知道，要想成功跳槽，天时、地利、人和缺一不可。很多时候，你还要顶着沉重的心理压力，此时，最好的方法莫过于给自己找到支持者，这也就是我们常说的“事业后盾”。

## 你为什么要找到自己的“事业后盾”？

对于是否决定要跳槽的职场三十的人来说，你非常需要有自己的“事业后盾”来支持你。正如别人的意见会动摇你的想法一样，若是有人在背后支持你，用客观的态度帮你分析现实，分析个性发展前景，以发挥个性优势和潜能；帮你设计职业发展规划，确定职业及发展方向。这无疑能更加坚定你跳槽的信念。

从某种意义上来讲，反对者与支持者如同对垒双方的军队，若能将更多人拉拢到你这边，不断增强你的后盾力量，你的阻碍自然会越来越小。

## 谁是你的“事业后盾”

那么，谁又可能成为你的坚强后盾呢？

自然是那些对你影响最大的人，倘若能把他们拉拢成为你的支持者，将会给你的精神带来莫大的鼓励。比如父母、妻子、丈夫这些自己最亲密的人，他们所说的话通常会直接影响到自己的心情与意志。既然如此，如果他们能支持你对于新工作的选择，无疑是一件利好消息。除此之外，你的兄弟姐妹、师长、同学、挚友等等也都可能成为我们最具潜力的后盾。

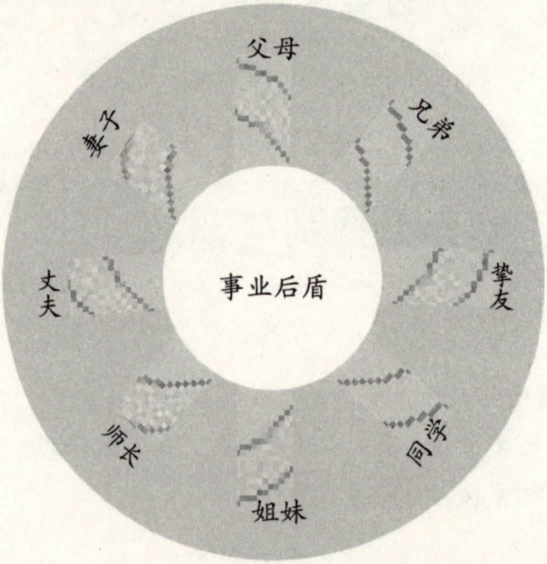


或许你已经发现了这样一个问题——这些所谓的后盾，往往也是你寻觅新工作的最大阻碍。没错！正因为他们的一言一行、一举一动对你的影响很大，所以，这些重要的人无论是阻碍还是支持，其程度都不容忽视。而你的任务就是：把那些中立或反对者一个个地从对方阵营中拉拢过来。

## 拉拢你的“事业后盾”

那么，你应该怎样拉拢你的“事业后盾”呢？

最好的方法就是动之以情、晓之以理。一般而言，周围人之所以对你的新事业持怀疑态度，主要集中在以下几点：

- 方向是否可行；
- 投入与回报的比例有多大；
- 投入的时间有多长（这对于那些不再年轻的职场人士尤为重要）；
- 风险是否太高；
- 是否能在这一行坚持下去等……

对于这些问题，倘若你能用自己的计划、分析以及决心去打动他们，他们自然会成为你的坚强后盾而非顽固障碍。当然，需要注意的是，这种说服工作最好在私下进行，运用蚕食手段逐个攻破其防线。倘若你为了节约时间，把这些反对者集中在一起说服，无疑是让自己陷入势单力薄的境地，你纵然拥有雄辩四方的口才，就算说得口干舌燥，也不见得能起到多大的成效。

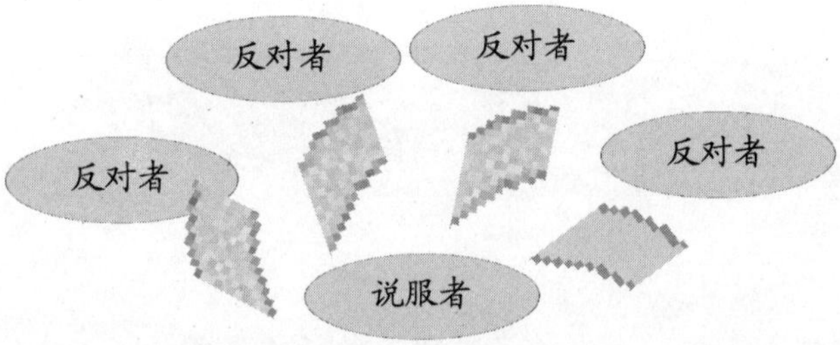


把这些反对者集中在一起说服，无疑是让自己陷入势单力薄的境地。

一对一说服才有效

职场物语

对你跳槽最持怀疑态度的人往往是你最亲最近的人，他们会成为你跳槽路上的顽固障碍，但也能成为你跳槽的坚强后盾。

# 猎头公司找到自己该怎么办?

对于职场三十的人来说，如果你足够优秀的话（高学历、有丰富的管理经验），就很有可能被猎头公司作为“挖角”目标给盯上，为你“牵线保媒”。如果你正遭遇职业瓶颈，正在寻求跳槽以求得更大的职业发展，你会接受猎头公司的“邀请”。那么，和猎头公司打交道，你应当注意哪些事项呢?

## 怎样判别猎头公司是否专业

和猎头公司打交道，你首先要看其资历，也就是要看其是否够专业，让一个并不专业的猎头公司经营你的职业人生，你放心吗?

◆专业的猎头公司，不但能帮你介绍好工作，而且还会负责地替你规划职业生涯。遇上差劲的猎头公司，很可能跳槽没跳成，你倒被现在的老板认为不够踏实，炒了鱿鱼。那么，怎么来判断找上你的这家猎头公司是否够专业呢?

◆和猎头第一次接触往往是通过电话。如果猎头用很急的口气问你，现在有这样一家公司的这样一个职位，你有没有兴趣，你回答没有时，猎头马上挂断了电话，这样的猎头就不够专业。

◆专业的猎头保密工作做得很出色。在确定你就是客户要找的人之前，他不会向任何一个“猎物”透露对方公司的名字，因为客户的招聘很可能是和公司新的扩张计划密切联系的，属于商业秘密；他也不会过早地给客户看候选人的简历，简历在市场上传来传去，会让人觉得这人急着要换工作，即便有人想聘请你，也会趁机压低薪水。

◆专业猎头还会教给你很多知识。比如穿衣是否符合你的职业形象，你讲话的姿态是否足够自信，哪些小动作上需要改进。在面试前一天，还会对你进行简短的培训，告诉你公司的背景、企业文化，甚至“面试你的老外有个中国太太，他以前也是会计出身”等更细致的内容，使你在面试时容易找到话题，谈话也更加轻松。

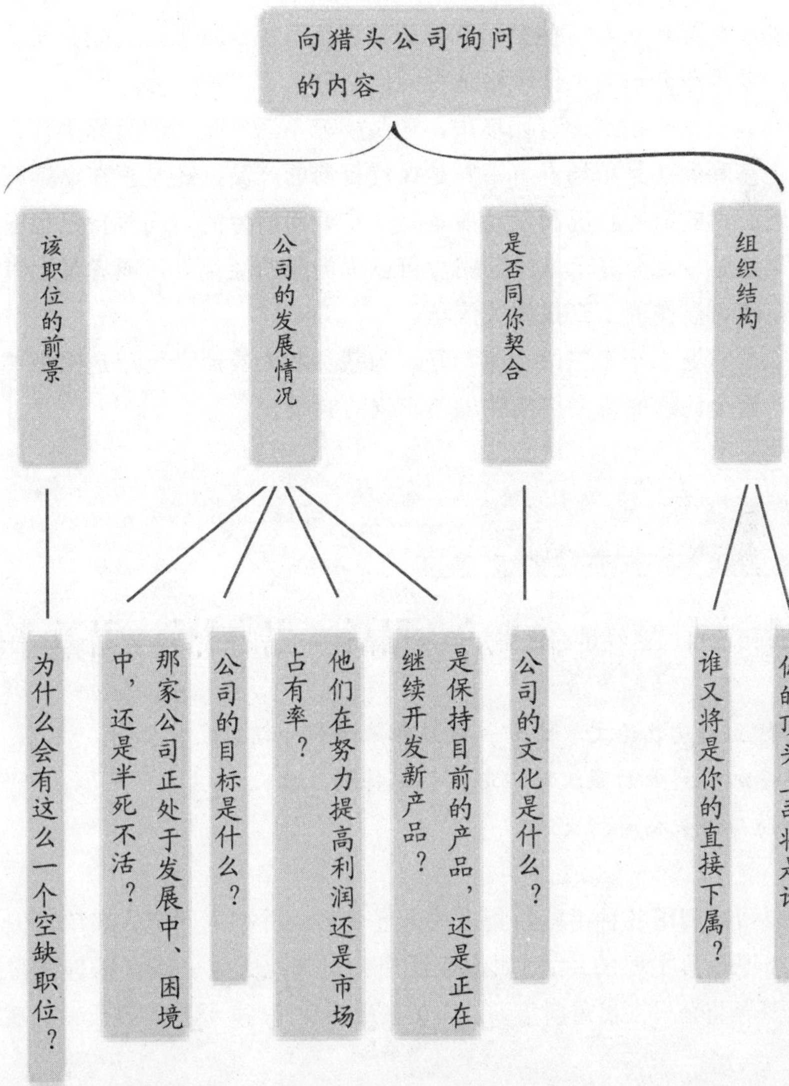

最后，把你“卖”出去后，还要做回访。看你工作得是否开心，等等。

## 对猎头介绍的工作应该询问些什么?

猎头公司靠佣金赚钱，每推荐成功一个人，公司的收入相当于“猎物”3个月的工资，所以恨不得帮你找一份年薪百万的工作。你想要什么，不想要什么，一定要事先讲清楚。你的顶头上司将是谁？谁又将是你的直接下属？了解对方的组织结构，可以判断自己将处于何种位置。

公司的文化是什么？有些公司就像新兵训练营那么刻板，有些公司给雇员充分授权，要弄清公司的工作风格是否同你契合。

那家公司正处于发展中、困境中，还是半死不活？公司的目标是什么？他们在努力提高利润还是市场占有率？是保持目前的产品，还是正在继续开发新产品？招聘公司的财务状况和发展前景是一定要问清楚的，同时自己也应作些调查。如果这是一家公开上市的公司，可以去问股票经纪人，或者是上市公司分析机构，还可以在网上查找相关信息。

为什么会有这么一个空缺职位？是因为裁员和人员流失，还是因为扩张和职务升迁？这个问题的答案将反映出该职位的前景。

## 怎样吸引猎头注意你?

如果你相信自己已经足够优秀，但还没有猎头公司找上门，不妨这样去做：

- ◆ 在行业内发表论文、文章；被媒体采访时介绍自己；
- ◆ 多参加有影响的高级培训班，引起特别注意；
- ◆ 主动与猎头公司打交道。

猎头公司会利用各种手段收集有关人才资料，并列入候选人名单。但良好的工作业绩还是最主要的。“例如你曾经使公司起死回生；或者销售额得到大幅度提高；甚至将公司人员重新培训，人员素质得到提高，这些都属于良好履历。”

职场物语

要切记，猎头只是你的职业“红娘”，而不是你的职业“新娘”。

# 跳槽失败了这么办?

我们一再强调，跳槽有风险！不过，你依然选择了跳槽。但结果却是，由于种种原因，你跳错了槽。

这种情况下你该怎么办?

是从此一蹶不振吗?

是从此被不利的环境套牢吗?

有没有办法“解套”呢?

## 冲动是“魔鬼”！

### 悟 小故事中的大感悟

巩亮本是一家软件公司的项目经理。当时，公司给他的待遇在同行业内是比较高的。但按理说，随着经验和能力的提高，他的薪水和职位应该得到提升。可恰恰相反，他已经两年没有涨过薪水了，而且，随着时间的推移，巩亮越来越觉得很难学到新东西。眼看着短时间内自己怕是没有晋升希望了，巩亮想到了跳槽。

可惜的是，巩亮没有对自己进行一次理性的职业规划，他被一家小公司允诺的高薪所打动，一冲动便跳了过去。可当他真正参与工作时才发现，在新工作中自己常常被晾在一边。老板对他的工作常是干涉过多，而自己的想法也很难得到落实。以至平时就显得很清闲。但巩亮是喜欢挑战的人，在这个岗位上他更加得不到锻炼和学习。他想离职，可又不甘，不走的话，这样的工作状态又实在受不了……

## 起“死”回“生”

故事中，巩亮跳槽的目的是为了高薪，更是为了晋升，为了得到更好的锻炼。而现在的公司虽然涨了薪水，却对他的发展并不利，如果继续呆下去，巩亮将离自己的职业期望越来越远。可以说，巩亮的跳槽基本上是失败了。既然已经跳错槽了，自怜自怨与事无补，甩手不干也解决不了任何问题。对于巩亮来说，他该如何挽回败局呢？

对此，一位职业指导专家给出了这样的建议——

1. 坚持做满三个月，确定新岗位是否真的不适合

所谓万事开头难！当一个人跳槽进入一家公司或企业，在这样一个全新的环境，他往往会发现工作性质或工作量超出他的能力，或是感到无法发挥自己真正的本事，或是与上司不和，或是环境不如意等就会感到懊恼，认为自己跳错了槽，并想到要二次跳槽。这其实是一种逃避。无论在任何环境下，没有环境去适应一个人，只有一个人去适应环境。对于巩亮来说，他可以尝试着做满3个月，再看结果如何，自己是否能克服这些困难。

2. 寻找内部跳槽机会

有一种跳槽，叫做内部跳槽。如果巩亮确定不是很适应目前的工作，不妨和老板直说。老板雇佣一个人总是希望他能为自己的公司带来更大的效益，他当然也不希望自己的员工不能够完全地发挥自己的实力。巩亮应该积极和老板沟通，让老板明白他熟练于什么工作，看看老板是不是可以让他内部跳槽，在一个更适合他的岗位发挥作用。

3. 下下之选，理性规划后二次跳槽

在确定自己跳槽失误并且没有办法和上面沟通以求改变的情况下，巩亮只能选择骑驴找马，二次跳槽了。不过这次绝对要吸取教训，在做出跳槽决定的基础上进行合理的职业规划。在最后做跳槽决定之前，问自己两个很关键的问题：

◆ 这个决定是不是与自己未来的职业目标愈来愈接近？
◆ 我会因此而工作和生活得更快乐吗？

这是最重要的两个问题。当然，还有些问题对他的跳槽也很有帮助：

◆ 我希望从事这样一份工作吗？
◆ 这项工作职务需要何种技能和专业知识？这些我有吗？
◆ 我要进入哪一个行业？它是我所熟悉的吗？从哪里收集到以上资料？
◆ 在专业知识和技能上，如果还有不足之处是否需要再进修？

### 好马也吃回头草

"吃自己的草，让别人说去吧！"不要顾忌那么多，你只要认真诚恳地吃，填饱肚子，养肥自己就可以了。

好马也吃回头草，这其实是职场人的一种大智慧！它代表了一种做事的态度——做任何事都要有弹性。或许，吃"回头草"时，你会碰到周围人对你的种种非议。但你可以不去理会这些声音，"吃自己的草，让别人说去吧！"不要顾忌那么多，你只要认真诚恳地吃，填饱肚子，养肥自己就可以了。何况时间一久，人们很快就会忘记你曾经是一匹吃回头草的马，甚至当你回头草吃得有成就时，他们还会佩服你：呀，果然是一匹识时务的“好马”！

每个人的观念都有所不同，但在面对残酷的现实时，饿死的“好马”就变成了没有任何价值的“死马”，而不再是一匹值钱的“好马”了！

职场物语

跳槽难免有失败的时候，要记住，好马也吃“回头草”，识时务者为俊杰！

# 要工作还是要生活?

某人向朋友倾诉:“有两次我下班回家,看见太太和一个男人搂抱,你说我该怎么办?”

“我不知道,”朋友回答,“但你何不试试加班工作?”

某人无语……

职场三十的人,在这一阶段,你可能扮演着不同的角色——上司/下属、老公/老婆、父亲/母亲、儿子/女婿、女儿/儿媳。身兼不同的角色,你往返于工作和生活之间。对你来说,工作和生活都是你人生不可或缺的部分。但往往工作和生活会发生很多的冲突和矛盾,使你困惑不已。你必须做出选择,是重视工作还是重视生活。

# 工作为了生活，还是生活为了工作？

这个问题确实很是让人头疼！当你在家的时候，你会感觉必须有一份工作和稳定的收入来让你的生活更加充实，更加丰富；可当你出来工作时，也许你的想法就完全变了，你会觉得必须以工作为重心，你的全部生活都要围绕着工作来过。那么，到底工作为了生活，还是生活为了工作呢？

## 关于美国人和欧洲人的思考

对于工作是为了生活，还是生活为了工作这一问题，我们先来看看美国人和欧洲人是怎么做的。

美国人——生活为了工作

我们经常可以见到美国人忙碌的身影，大多数国家的人会惊讶于美国人的工作态度，因为他们似乎可以为了工作牺牲一切，可以频繁地搬家，在新的地方落地生根。显然地，美国人是将工作放在家庭、朋友、休闲甚至自己的健康之上的。

美国人是将工作放在家庭、朋友、休闲甚至自己的健康之上的。

欧洲人——工作为了生活

对大多数欧洲国家的人来说，工

欧洲人一向休假第一，生活第一，享受第一，休假谁也拦不住，度假永远在继续。

作是生活的一部分，而不是生活的全部。可是，这些国家的生活仍然过得不错：民生富足、经济繁荣，而且这些国家的人民并没有疯狂地工作。欧洲人一向休假第一，生活第一，享受第一，休假谁也拦不住，度假永远在继续。

两种工作和生活状态的对比，你有何看法呢？

## 工作是生活的第一要义

关于工作的意义，有很多说法：

工作的意义就是为了赚好多好多的钱。

工作的意义就是为了学习更多更多的知识；工作的意义就是为了抚养家庭；工作的意义就是为了报答社会（这是很多人的想法）；工作的意义就是要开心……我们可以看出，工作所实现的这些意义正是生活中最重要的东西。

正如俾斯麦所说：“工作是生活的第一要义，不工作，生活就会变得空虚，就会变得毫无意义，也不会有乐趣。没有人游手好闲却能感受到真正的快乐……”一个没有工作的人，是很难完全体验生活的意义。

对于职场三十的人来说，“工作是为了生活”这一说法或许更贴切这个年龄阶段。

**专家提示**

职场三十，你和职场新人不同，职场新人可以毫无顾忌地投身于工作，追逐职业理想。而你由于种种因素，不可能再一心扑在工作上，这也不太现实。因此，你这时更多考虑的应该是如何更好地、更合理地工作，来为你的家庭生活、婚姻生活创造优良的条件。

## 不要把工作和生活对立起来

其实，无论是工作为了生活，还是生活为了工作，二者都没有绝对的对和错之分，你只要找到了适合自己的工作和生活的方式，就足够了。

无论是工作为了生活，还是生活为了工作，二者都没有绝对的对和错之分，你只要找到了适合自己的工作和生活的方式，就足够了。

比如，工作和爱情，就常常被人们误解为是互相矛盾的两件事情，可实际上，有很多情侣是在工作中接触并相识的。比如工作和友谊，尽管由于工作的时间安排不一样，没有办法在一起吃饭或者去旅游，但是，我们还是可以找到机会一起交流的。

很多在事业上有所建树的人，大多都精力旺盛，喜欢追求刺激，喜欢参与多种多样的活动。倒是不少抑郁的人抱怨自己没有时间花在娱乐和生活上。

所以，千万不要把工作和生活对立起来看待！这样，你才会少掉很多困惑。

## 寻找工作和生活的平衡

对于职场三十的你来说，如何做到使你的工作和生活达到完美的平衡，这才是最重要的。

那么，如何才能达到工作和生活的平衡呢？你不妨试试以下方法。

1.不要过多地预订

不要在一个工作日里塞进尽可能多的工作，假定你今天打算做的事情只有50%能够完成，你就预定这50%的工作。

2.分清主次

要高效率利用时间，清楚地知道哪些事情是重要的，哪些事情是可以暂缓的。把所有事情都置于最高的优先级别只能耗尽你的精力。

3.管理时间

有计划地完成你的家务事，一次出行完成所有的跑腿任务，是你能够节省时间，获得更大乐趣的两个方法。同样的，尝试制定一个包括重要日期的家庭日历、一个需要做的事情的每日清单，这会帮助你避免面临最后期限时的手忙脚乱。

4.学会说不

以你自己的标准，利用你的权利鉴别哪些事情是不值得你花费时间的。你应该学会，对一件事情说不的同时，对一些其他的事情保留说是的余地。做到这些，意味着你可以暂时把桌子上的东西清理掉，小憩一下。

5.慢下来

停下脚步，享受你身边的事，感受你的家人。抛却一切，每周都有一个晚上尽情娱乐；每一天都要有自己的时间，可以看一部电视剧，或者听听音乐，或者和家人谈谈心；并且，每个周日都安排家务劳动，以此享受周末的自由。

职场物语

没有工作的生活难言完美，没有生活的工作毫无意义！

# 要婚姻还是要事业？

在职场中，有这样一个特殊的人群，都已经30+的人，还没有娶嫁。这些人常被我们称之为“剩男”或“剩女”。到了这样的年龄，事业无成，婚姻无成。如果你也是其中的一份子，“努力走入爱情、婚姻的围城”与“努力事业有成”，你会更倾向于哪一个呢？

## 缘何“剩男”、“剩女”

“剩男”、“剩女”确是如今职场的一大独特现象。那么，这种现象是如何造成的呢？我们来看看其中的原因：

1. 过于追求完美

有些人因为各方面条件不错，总希望能遇到更好的，以至于耽误了终身大事。他们由于自身条件好，过于追求完美，择偶要求也十分高，走进围城的可能性就很小。

2. 对婚姻缺乏足够的信心

有些人觉得，如今工作不稳定，生活压力大，事业未成之前，无法给自己和对方带来安全感，因而不想过早谈婚论嫁。

3. 不愿被婚姻套牢

有些人不想受到婚姻的束缚，喜欢清闲自在，婚姻需要负很多责任，而自己不愿意负担很多责任，所以一直就没有结婚。

4.太过封闭

与男性相比，大龄女性大多都想尽快解决个人问题。但因为交往圈子小，有想法也没有机会。女人喜欢找比自己年龄大的，而男人喜欢找更年轻的。这种反差，造成30～40岁的女人不好找到同伴。

5.工作太忙无暇顾及

因为工作太忙，竞争压力大，没有工夫顾及私人问题。年轻的时候，整日忙工作，交际空间小，事业未成，无暇考虑婚姻问题。等发现年龄过了而立之年，周围朋友大都成双成对时，这才着急起来。

6.爱情上遭到挫折

有些人一谈恋爱想到的就是改变对方，要求对方向自己看齐。结果谁也改变不了谁，爱情往往没有结果。

## 事业成了什么都成了吗?

对于“剩男”、“剩女”来说，无论是娶是嫁，都不是一件容易的事。于是，很多人就开始将精力转向工作上面，期望事业的成功，为自己以后的婚姻“上保险”。对于那些“剩男”们，尤其如此!

作为一个男人，你可能在很小的时候就被灌输“男人有事业才有一切”的观念——事实上，很多“剩男”也是因为这一原因才“剩下”的。的确，对于男人来说，事业相当重要，它贯穿男人的一生。很多男人都这样认为，只要有了事业，只要事业成功，家庭、老婆、孩子，这还用愁吗?

同样，如今的职场女性，也非常注重经济上的独立和工作上的成就，这样以后才有足够的资本要求爱情，要求婚姻。

但是，事实真的和上面所说的一样吗?

不见得，要不，我们怎么还能看到那么多的事业有成的人却没有成功的爱情和婚姻呢?所以说，事业成了并不等于什么都成了。不要再固执地说“先干成事业在谈爱情和婚姻”的话了，不要再把事业和爱情婚姻排排坐了。事实上，事业和爱情婚姻是可以并行不悖的。爱情婚姻可以滋养你的事业，反过来，事业也可以为你的爱情和婚姻增色。

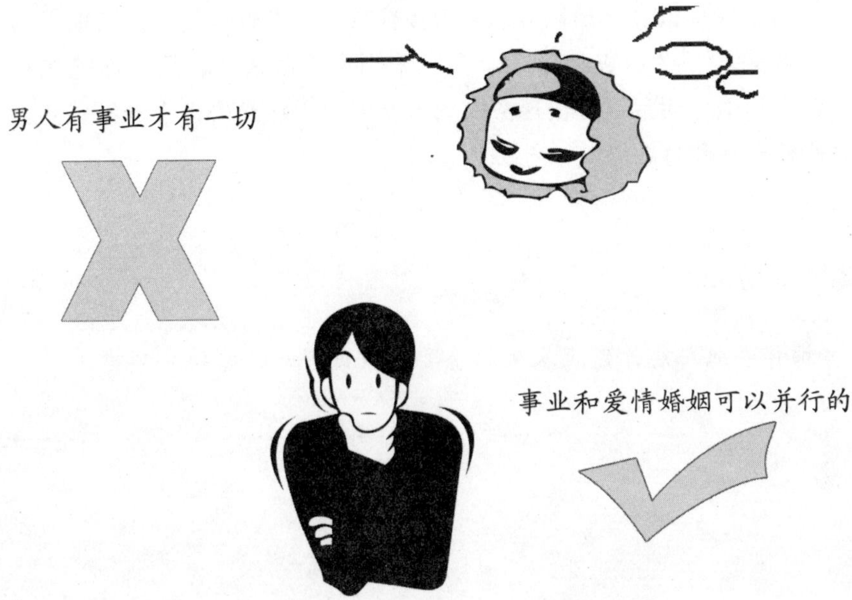


## 男大当婚，女大当嫁

中国自古就有“男大当婚，女大当嫁”说法。人到了一定的年龄，就应该谈婚论嫁，这是生理上需要，也是精神上的需要。所以，对于“剩男”、“剩女”们来说，只要时机到了，缘分到了，就勇敢地享受爱情，步入婚姻吧！

但请先别急，你总得先找着合意的“白马王子”或“白雪公主”再说吧！那么，你如何才能找到心中的“他（她）”呢？

首先，你应该积极调整好自己的心态，扩大生活交际圈，在约会上多花点时间。

其次，在择偶标准上也应做些调整，鞋子好不好，只有脚知道，不必过于顾虑世俗的或刻板的观念。比如姐弟恋，如今也不是什么新鲜事，俗话说：“女大三，抱金砖。”年龄等都不是太需要考虑的问题，找到两厢情愿的人最重要。

再次，为了增加机会，择偶方式也要多样性，不要仅仅限于生活圈子内。比如传统的相亲，完全可以运用。不要在乎别人的怎么说，只要你能找到幸福，何必在乎其他。相亲这种快速务实的方式，对于已经失去青春筹码的你来说，还是比较实际和有效的。

职场物语

婚姻和事业都是你完满人生的重要组成部分，二者缺一不可，相偕相生！

# 失业了，婚姻怎么办？

失业，对于职场三十的人来说，无疑是最不愿提及的一个词。但是，由于种种的原因，每个人都保不准什么时候就失业在家。失业，常常会成为婚姻的“杀手锏”。有的夫妻可以“同甘”，但却不能“共苦”。失业后，随着家庭收入减少，人的情绪也明显变坏，紧张的家庭气氛导致各种夫妻矛盾的显现。更有甚者，配偶失业后，另一半不但不予以安慰、鼓励，还雪中送霜——寒上加寒，导致婚姻出现一系列问题。那么，面对失业，婚姻到底应该何去何从呢？

## 失业，“第三者”插足你的婚姻

工作，可以说是一个人的物质和精神支柱。一个人失去了工作，就基本上等于失去了一切：

首先，受影响的是本人的情绪。种种消极情绪开始出现，有的人甚至有了严重的心理障碍。如果长期找不到工作，精神压力会进一步加大，对人的承受能力是个严峻考验。

其次，受直接影响的是家庭收入。本来还挺滋润的生活，突然间变得捉襟见肘。主要是由于经济方面的原因，加之情绪不好容易滋生事端，夫妻关系也不像以前那般和美。如果不能妥善调节，很容易引起矛盾，甚至危及婚姻安全。

失业带来的是挫折感、自卑、自责、自怨，失业对婚姻是很严峻的考验。

据调查显示，有2/3的失业者表示，失业之后，来自配偶方面的压力明显增加。在这种情况下，如果夫妻之间缺乏沟通，不能相互理解和支持，夫妻间就会产生隔阂，甚至导致关系恶化。

### 他/她最需要你的关怀和体谅

失业了，每个人都会产生极大的思想压力。尤其是男性，压力会更大，因为对于一个家庭来说，男人通常被视作“命根子”。这个时候，宽慰与支持，比任何时候都重要。若处理得好，夫妻就会在困境中培养出更深的感情。若整天为此彼此唠叨责怪，将会造成感情的长期伤害。

面对失业，夫妻之间应多一些体贴关怀：

◆ 多给对方一点理解与宽容，少些抱怨和牢骚，这样对方一定会永存感激之情；

◆ 有什么好的想法，夫妻间要坦诚交换意见；

◆ 不要整天追着问“工作有着落了吗”、“让不让面试”之类的问题，而是应该多说些“没关系”、“不要着急”、“天无绝人之路”之类的宽心话；

◆ 或者对失业的问题避而不谈——正如一位失业者的太太所说的那样：

“如果有什么进展，他会让我知道的，我不用喋喋不休。”

夫妻彼此体谅和支持是渡过失业难关的润滑剂。相信失业只是暂时的，再说，有没有工作，婚姻都一样需要用心经营不是吗？

面对就业压力，你可以这样做：

◆ 在有空的时候，你不妨找个安静的地方，与配偶散散步、聊聊天，加强情感沟通；

◆ 可以共同商讨解决问题的办法，研究家庭开源节流的方法；

◆ 失业后，要认真分析一下面临的形势，根据自己的实际情况，制定下一步的打算。比如学习一些实用的知识和技巧，了解职场情况，给自己定位，等等。

## 悟 小故事中的大感悟

谢先生在一家大型企业工作了十几年，因为企业经营不善，于2001年5月份下岗失业。

接到下岗通知时，谢先生脑袋一片空白，好像有人往头上浇了一盆冷水一样。想到自己已经37岁，再想到太太没工作，孩子还小，还要照顾两位年已70岁的老人，当时他真不知道以后的生活怎么过。

为了找到工作，谢先生经常光顾各种人才招聘会。但因为年龄偏大、文化偏低、技术单一等原因，一直没有结果。就在谢先生彷徨不已的时候，太太提议自谋职业，经过商量，他们拿出家中仅有的几千元钱，开了个夫妻小吃店。开业后，生意还不错，他们一直经营了4年时间。但因为拆迁，小吃店被迫关门。他们又换了个地方开起了食杂店，生意也还不错。

每当提到那段失业的日子，谢先生无不感慨地说：“只要夫妻同心同力，困难总能克服，日子总会好过的！”

## 职场物语

夫妻同心，比黄金还要珍贵！这是你人生最可依赖的“不动产”，而且愈弥久愈珍贵！

# 是"生"还是"升"?

这恐怕是职场三十的女性最为头疼的一个命题了!

放眼当今的职场,我们不难发现,在各个行业和领域,职业女性都在发挥着"半边天"的作用。女性在职场上的独立和成长,使得很多女性的人生观和世界观发生了颠覆性的变化,家庭与事业的天平也横亘在这些"女强人"面前。而对于冠之为女性之天职的生儿育女的"伟大事业",在事业晋升的紧要关头也再一次让很多职场女性陷入了深深的矛盾之中——是"生"还是"升"?

## 傲慢的尼采一定不会想到会是这样

"生育是女人第一也是最后一项天职!"

这是尼采在100多年前所说的一句话。但傲慢的尼采一定不会想到,在他说这话100多年后的今天,越来越多的女人会对自己的"天职"产生怀疑。

在当今的职场,我们看到,那些女白领们,她们也许能下下狠心买上一条上千元甚至上万元的名牌裙子,却要用5~10年的工夫琢磨要不要生个孩子。据一项调查显示,在生孩子的问题上,这些白领们显然越来越犹豫不决了,参与调查的所有女性白领都表示有可能会放弃生孩子,理由分别是——升职(23.71%)、求学(11.80%)、感情(16.74%)、金钱(16.52%)、其他原因(31.23%)。

尽管有越来越多的女明星在时尚杂志上骄傲地展示自己的大肚子,尽管

“当母亲让女人变得更性感”的论调不绝于耳，但一厢情愿的舆论导向丝毫也改变不了事实：自1997年以来，中国丁克家庭的数量在逐年增长，35岁以上高龄产妇的比例也越来越大。在北京某大医院，一位30出头的准妈妈不无“惊喜”地发现：原来我竟然是最年轻的！

对于晚育的问题，一位知名专家这样警告说：35岁以后再决定当妈妈是不明智的，因为你很可能发现自己已经无法生孩子了——或者更糟——一个有缺陷的孩子。

可是，求学、升职、购房、享受生活……总有太多的理由，让我们无法决定去当一个母亲。或者这样说：没有一个更好的理由让女人们欣然决定当一位妈妈。

## 生个孩子，招谁了，惹谁了？

生育会影响工作吗？针对这一问题的调查显示，有高达57％的职场女性会认为生育“绝对会影响工作”。对于生育，这些职场女性普遍预感，一个可能是必定要摔到的职场跟头正在前方等着自己。也难怪！当那些职场男像跨栏选手一样撞向终点线的时候，女选手们会如此不谨慎的把机会拱手相让吗？

毫无疑问，在一切让职场女性“不敢”要孩子的因素里，职场竞争的压力是无法忽略的一条。在一项对1000多名职场女性的调查中，有30.35％认为职场压力和生育矛盾最大；在另一项有1300名妈妈参加的调查中，有77.27％的人表示“自己重返工作有一定困难”。“隐性失业”、“不进则退”，这很让职场女性担心！作为职场女性，生孩子之前，你首先应该做好1000页的策划案，如果你恰巧在一个重要位置，你更需要提前准备。我们有理由相信，假设“孙悟空”被“唐僧”解雇的话，无疑八戒会是“大弟子”的第一人选。

这里有一则例子：

晓芸就职于某大型公司，她28岁怀孕，5个月后她被迫回家休息，生完孩子4个月，她回到单位，发现一个和她同时进单位，且能力并不比她强的同事已经成为了她的领导，而她几乎需要从头做起。

“在知道这件事情的一瞬间，我发现自己这么早要孩子恐怕是一个错误的决定！”晓芸说。

在一项对1000多名职场女性的调查中，有30.35%认为职场压力和生育矛盾最大；在另一项有1300名妈妈参加的调查中，有77.27%的人表示“自己重返工作有一定困难”。“隐性失业”、“不进则退”。

生个孩子，招谁了，惹谁了？难怪都不愿意要孩子！

## 我不想长大！

前面我们知道，在选择为了什么可以使职场女性放弃生孩子的原因中，最多的一条是“其他原因”（31.23%），这是个有趣的现象。紧接着，有63.85%的女性表示，她们“害怕”生育。有点奇怪的是，除了经济以及升迁之外，还有什么让她们害怕的？

如今已经是某集团CEO的素娴，在读书时曾固执的认为“没有孩子的女人是不完美的。”但在多年的打拼后还是决定做“丁克”。她的观点是：“这个世界并不完美，为什么还要带一个孩子来受罪？”

对于素娴的这种心态，某心理咨询中心一位资深咨询师分析说：“她认为这是因为工作压力太大，却没有发现，其实是自己母亲‘生孩子有什么意思’的说法对自己的影响有多么深。害怕和拒绝生孩子，其实总是和个人的人生经历有关，例如不快乐的童年，冷淡的父母等等。她觉得自己无法爱孩子，觉得孩子不会幸福。但事实上——她不接受一个孩子，其实是不接受自己。”

一位资深咨询师提到：“对于很多职场女性来说，不愿生育，除了童年阴影之外，不愿意长大也是职场女性的一种普遍心理特征。现代都市职场女性的生活观念已经和过去完全不同，生活内容丰富、观念开放、重视自我。因此，很多女性选择首先满足自己的愿望，去学习，去玩、去旅游，而不愿意为孩子放弃自由的生活方式。很多职场女性心理成熟期比较晚，觉得自己还需要别人的照顾呵护，她们不想生孩子是因为不想长大，就像童话里那个永远是小孩子的彼得·潘。”

## 看看这43%

前面，我们知道，有57%的职场女性认为生育会影响自己的工作。但我们也要看到，还是有43%的女性认为，生孩子对自己的工作一般没有什么影响，甚至有8.8%有过生子经历的人认为：当母亲促进了自己的事业发展！

盛美生完孩子后曾经遭遇过隐性失业，不过，她现在已经提升到一个重要的职位。“的确，生完孩子后我需要调整一段时间，但情况并不是那么糟糕。”

晓芸现在也有了自己的网站，她说：“我后来慢慢觉得，生完孩子之后我才真的成熟了，在工作的时候，做职业规划的时候，远比从前更理性。”

还有一些女性为了工作而选择了早点生孩子。在北京某大学担任讲师的小婧就算了这样一笔账：“生孩子大概要影响一年的工作，那么我为什么不在25岁，一年挣5万的时候做这件事情呢？等到30岁我一年可以挣10万了，损失不是更大吗？”

**专家提示**

在生活压力方面，社会学专家早已指出，生养孩子其实并没有一定要花的巨额支出。“穷有穷的养法，富有富的养法”，并不见得花钱多的孩子就一定更聪明健康幸福。

你还坚持决定要“丁克”吗？作为一个女人，你的天性被明确的数据证明着：你很有可能因为今天的决定后悔。因为一项临床统计表明：35～40岁之后，女性的生育能力将明显下降，胎儿畸形率则会明显上升，生育风险也会明显加大。

职场物语

“生孩子是女人第一也是最后一项天职！”尼采没有说错。

# 如何重新爱自己的父母？

职场三十的人，在外面和形形色色的人接触，说话和处理事情老到、稳重，但一回到家里，容忍、谦逊和克制就全都消失得无影无踪。常常莫明其妙地为某点小事就和父母争得面红耳赤。于是你一面被“子欲养而亲不在”的伤怀感动着，一面找各种借口逃避周末回家看望父母，只怕被他们逮住又教训一通……职场三十，在你这个年龄段要提醒自己重新认识自己和父母，想想该以一个怎样的心态与父母保持良好的关系。

那么，职场三十的你，应如何爱自己的父母呢？

## 给父母依靠的感觉

职场三十的人，应该把在职场中的自信带回到家里。让孤独的、缺乏成就感的父母（尤其是父亲），感觉到一种强大的依靠。

作为儿子或是女儿的你，在家中，可以多和父母聊一聊工作上的事情，不用刻意隐瞒工作中的不快，只要保持乐观、胸有成竹的态度就足够，这样会让父母从你自信的态度中对你放心，相信你能处理好一切。

## 变接受为给予

职场三十，在这个时期，父母和你的亲子关系由抚养照顾变成平等和相互尊重。因此，作为儿女的你，不能总想着要向父母“索取”爱，要父母理解你，包容你，而是要时时刻刻想着怎么把自己的爱“给予”父母。那么，你应该怎么把自己的爱给予自己的父母呢？

其实，把自己的爱给予父母很简单。你可以：

◆ 在说话时多看看父母的眼睛；

◆ 下班回家时多抱抱父亲母亲；

◆ 不论他们谈论什么，都要用认真的眼神从头到尾地听完；

◆ 时不时地还要与他们探讨生活上、人际关系上遇到的心理问题，给他们心理上的满足感。

不要小看以上这些生活的细节，它往往能够真切地让父母感受到你对他们的爱。当然，你也可以用其他方式表达你对父母的爱，不一而足。

## 用耐心和微笑感染父母

耐心和微笑，是化解任何人际关系隔阂的良方。

如果你和父母发生的争执。在争执即将爆发的时候，如果你首先能做到耐心与微笑，不和父母针尖对麦芒地说话，爱你的父母会明显地感觉到你的努力，会被你的努力所感化，从而也改变他们总是居高临下的态度，而你也会成为孩子的榜样。

耐心和微笑，是化解任何人际关系隔阂的良方。

作为儿女，你无论多忙，最好是每周末都要尽量陪父母呆上至少半天，或者跟他们一起去菜市场买菜、去玩玩小区里的健身器，散散步，每年组织一次全家人的集体旅行。你会发现久违的亲情再次温暖了整个家。

职场物语

“谁言寸草心，报得三春晖。”父母把我们养育大，我们就应该用一辈子来报答！

# 要不要走自主创业之路?

甲：老同学，好久不见，你现在年薪多少？

乙：300万。

甲：那一个月有近30万哦？

乙：是的，这是基本工资。

甲：不错嘛，做什么的？

乙：做梦的……

与职场二十多岁的年轻人相比，职场三十的人，社会以及职业阅历、经验更加丰富，性格也更趋成熟，也许你已经成家——上有老，下有小，中间是你的那一半。无论是迫于生活压力或是基于生活的动力，还是来自于职业成熟度提供了条件——资金的支持，心理承受力等，你都已经处于开创自己事业的“风口浪尖”。是时候搏一把，努力一把了！为了你以后的人生！

# 继续就业还是自主创业？

继续就业还是自主创业，对于职场三十的人来说，这绝对是你人生的一个大课题。

20岁的你，可以四处游荡，伸手向父母要钱花。但当你到了30多岁还没有像样的职业，或者在职场毫无建树时，你不觉得惭愧吗？！

有人这样总结了职场三十的人的就业烦恼：职业定位紊乱、职业转型迷茫、跳槽不理性、盲目择业、盲目考证。也许目前你正处在这样的烦恼中，那么这时的你，是继续在单位就业，还是选择自主创业，打出一片天地呢？

## 自主创业打破“玻璃天花板”

在本书第一部分的内容中，我们知道，职场三十的人有着种种的职业及人生困惑，遭遇职场“瓶颈期”。如果你能够找到症结所在并突破过去，那么遇到的困难只是暂时的“玻璃天花板”；若是无法找到提升的通道，“玻璃天花板”就会变成“水泥天花板”而封死了自己的出路，从而导致自己今后的职业之路越发的艰难。

另一方面，职场三十的人，大多度过最艰苦的职场熟悉期，跨过了择业初期的茫然无措。经验与技能逐渐丰富之后，进入职业生涯上的黄金时期，许多人升上了企业的中层职位或者担任企业骨干的角色。这时候，没有刚毕业时那种物质匮乏、甚至生存威胁，腰包越来越鼓。于是，他们开始追求精神上的富足，人生梦想的自我实现，希望更多的挑战、突破，来达到自我价值的体现。

基于以上情形，无疑，继续就业不可能使你有太大的发展。那么，你就选择自主创业吧！它会成为你职业及人生突破的一条“光明之路”。

### 要致富，现在就开始创业吧！

发家致富，想必我们都不会避讳，这是每一个人都会有的一种美好愿望。

职场三十，是人生最有创造性的阶段，也是致富的关键期，很多成功人士都是在这一阶段为日后的成功致富打下基础的。而这一阶段的关键词就是创业，创业与致富密不可分。

你可以随便问一个人，什么是获得财富的最重要的因素？他或许会回答说：“一份好工作。”的确，人们经常在为找工作、调工作而烦恼，为找好职业、好工作而请客、送礼、拉关系、走后门，常常把自己弄得精疲力竭。可是结果又怎样呢？好工作真的使你致富了吗？

---

在我们这个社会里，很多人都相信有个好职业，努力工作，沿着升迁的阶梯慢慢往上爬，最终必能享受黄金退休生活，富有且快乐。事实上，要成为丰衣足食的小康之家，也许并不难。许多“一世打工”的工薪阶层，也能做到这一点。但要真正成为富人，却不容易。要想致富，就要自己创业，当老板。当老板后，也许一生难得有几次发财的机会，但只要能把握一次，全力投入，便有致富的可能。

---

所以，你应该趁着创造力旺盛的大好时机放手一搏。如果这个时期循规蹈矩、畏缩不前，那你就失去了创业的最佳时机，你的人生也会因此留下些许的遗憾。

悟 小故事中的大感悟

赵志刚从事工作的时候，和身边的朋友一样，野心勃勃地要自己创业致富。但全家人极力反对，说他要经验没经验、要资本没资本，还是先给别人打工，积累几年再说。一晃七八年过去了，赵志凭借自己的努力，顺利成为公司部门经理，还有了一笔不小的积蓄。可是，谈到创业，赵志却犹豫了，他很满足于目前的生活，衣食无忧，职业压力也不大。最终，赵志放弃了自己创业的念头，继续其“安逸”的生活。

再看看赵志的朋友，就在赵志安享“舒适”生活的时候，一个个选择脱离工作，有的搞批发，有的搞基建，有的搞餐饮，都相继“发”了起来！

一次，朋友聚会，赵志也赴约参加。在聚会上，听着朋友们一个个的“成功传奇”，在看看一个个老板的派头，赵志心理酸溜溜的……

职场物语

不要把自己的命运交到别人的手里，要自己掌握自己的命运。创业就是这样！

# 没有资金就不创业吗?

我们常常会听到这样的话,一个人决定要创业,但看罢“羞涩”的口袋后,就开始英雄气短了:“唉!没钱投资啊!创业还是算了吧!”你是否也有这样的经历呢?那么,如果没资金,真的就不能创业吗?

## 就是因为没钱,才去创业

就是因为没钱才去创业,这可能就是创业最原始的动机了。

事实就是这样,如果你生活过得很好,你对金钱的欲望就不是那么高,也许,你就不会拼命去追逐金钱。当然,你创业的动机也不会那么的强烈。

什么是创?创就是要实现一个从无到有的过程,如果有钱了才开始,那就不叫创业,那就叫投资了。

当然,这并不是说,创业是挣钱的唯一出路,创业是维持生计的唯一出路。事实上,你无论干点什么事都能赚钱养家糊口,你去公司或企业上班拿工资能养家糊口,如果你干得好,你的日子还会过得非常不错!但是,你能发家致富吗?在我们的身边周围,你见过上班发家致富的吗?那是少之又少的。我们再看看那些“腰缠万贯”的富人们,他们几乎都在经营着自己的事业,他们的事业成功都是从创业中而来。

## 不要拿资金当借口

职场三十的你,迟迟不去创业,可能你会说自己的本钱还不够,事实上,财富是可以从小本钱投资经营而累积起来的。拥有小本钱的创业者，一样可以在未来的某一天成为坐拥百万财富的大赢家，只要你努力，只要你坚持。

创业时不一定非得等到资金全部到位才动手，这不但会错失良机，也会使创业的计划搁浅。有时，你只要善于把握机会，再小的钱也会起到很大的作用。

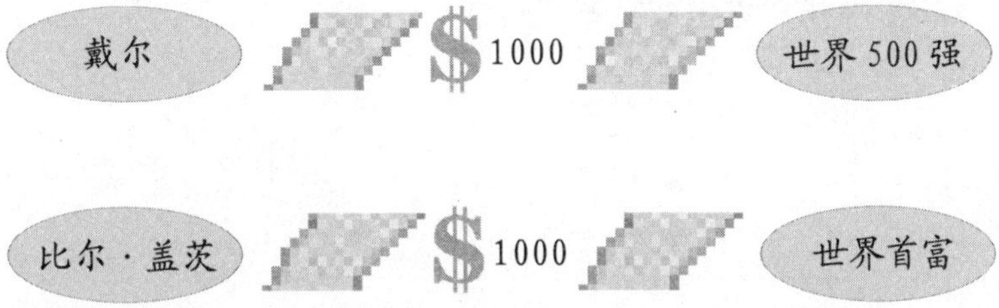


跻身世界 500 强的戴尔刚开始创业时，只有 1000 美元的资本；个人财富排名世界第一的比尔 · 盖茨当初开始创业时，也仅投入 1000 美元的资本。不在于本钱小，只要你做得好，每一个小买卖里都蕴藏着无限的商机，任何小事都包含着做成大事的种子。

悟 小故事中的大感悟

四川打工族用卤鸡蛋在全国许多城市启动新市场，就是一个小本经营的最好例证。

在 2002 年春节过后，一些四川人在一些大小城市用移动销售的方式来销售卤鸡蛋。每人推一个自制的小推车，小车非常简单，四个小轮子上搁放一块木板子，板子上面放一大铝锅，锅里放着不断冒热气的热鸡蛋，串街走巷，用四川口音喊着“正宗卤鸡蛋，一块钱三个，味道好得很”。就是这么一个不起眼的模式，却让这种特色逐渐变得像新疆羊肉串那样，小有名气，而且在全国迅速扩张。遍布各地从事四川正宗卤鸡蛋的人已有数千人。

小本经营创出了奇迹。这些人的创业启动成本只有 200 元左右，但很多人一天能销几百个鸡蛋，靠近旅游区的甚至能销售 1000 个以上，每个只有几分钱的利润，却每天能够获得 30 ~ 100 元收入，而且风险很小。

职场物语

不要以为非得有大量的资金才能创业，资金固然重要，但你更需要一个创业的头脑和创业的精神。

# 做“热”还是做“乐”？

如果你决定创业，你首先要确定干什么，也就是要选择干哪一行。一般来说，你会有两种选择：一是“跟热门”，即时下社会上比较“火”的生意；一是“做乐的”，即你比较精通且喜欢的行业。那么，对于你来说，究竟应该做“热”的还是应该做“乐”的呢？

## 热门生意也不好做

我们看到，一个人在选择要做什么生意的时候，通常会先盯上社会上哪些生意好做，哪些生意来钱最快。的确，做热门生意一般来说风险先对较小，你可以借鉴别人现成的经验，不愁没顾客上门，因为这是大众需要。

但是，你同时也要看到，并不是做热门生意的人都赚钱，有做好的，也有做赔的！这主要是因为但凡是热门生意，一般行业内竞争都非常激烈，“生手”竞争不过“熟手”，小买卖竞争不过大买卖。你刚进入，经验不足，加上规模不是很大。因此，你很可能会“铩羽而归”。

做热门生意，优势和风险你都要考虑到，然后再做。

那么，热门生意要如何去做呢？这里面很有学问。一般情况下做热门生意，你要在需求即将达到高峰之前进入，“捞一把”赶快抽身，不要陷在里面。做热门生意时，若无法判明形势，最好不要轻举妄动。另外，不要一开始就加入竞争，避免由于实力、经验等不足，搞得“赔了夫人又折兵”。

### 寻“欢”作“乐”更易成功

与做热门生意相比，做“乐”的，做自己会的、精通的生意，这种求富态度则要显得理智得多。

有人说，做热门生意与做乐门生意都是为了寻找门路，追求致富，有什么高低之分、优劣之别呢？事实上，做热门生意是低层次的，往往得不偿失，即使一时跟出点门道，也只能是残羹冷炙，不可能有太大的油水。而做“乐”门是高层次的，具有主动性和开拓性，一旦锲而不舍地钻出门道来，就能赢得持续长久的市场，获利必丰。

就是这样，做“乐”门生意，最大的特点就是你是主动的。因为喜欢和精通，你会更加认真地去经营，并且不断地去摸索和总结经验，去开拓创新业务。如果你比别人做得更好，那么你成功想必也会比别人更大！

---

你所喜欢、精通的，也许会是社会上的所谓“冷门”生意。事实上，这也许并不是什么坏事，今天的“冷门”没准儿就会成为明天的“热门”，只要是社会需求的。

---

而且，冷门生意还有很多好处。冷门生意尚未被人发现，或者因为种种原因，没有人去做。“冷门”生意准入的“门栏”低，市场竞争相对也小。如果能抓住那些有市场需求，而目前又没有多少人干的“冷门”活，风险又小，盈利空间又大，是小资金创业的大龄朋友可以考虑选择的理想行当。

悟 小故事中的大感悟

著名的意大利科学家伽利略在小时候有意选择哲学进行深入研究，可是这想法却遭到父亲严厉地反对。

有一天，伽利略找了一个机会对父亲说：“爸，我想要知道是什么促成了你与母亲的婚事？”

父亲回答："因为我疯狂地爱上了她。"

伽利略又问："那你从来没有考虑过其他人吗？甚至没有碰到更好的人吗？"

父亲笑容和蔼地对伽利略说："怎么可能呢？孩子，你知道吗？当时家里的长辈要我选择另一个富有的女人结婚，可是我只对你的母亲一往情深，当初我追求她时，她是如此的美丽动人，我发现只要没有看到她，我就魂不守舍，几乎无法自拔，我已不能没有她……"

伽利略听完父亲的形容，接着说："这倒是真的，到现在还看得出来你们是如此相爱。可是，父亲大人，我现在也面临了同样的处境，除了哲学，我不可能选择其他的方向，现在哲学是我心中唯一的渴望，我对它的喜爱，就像您对母亲一样不能割舍。"

父亲听完伽利略的一番话后，终于点头答应让他从事哲学研究的工作了。

职场物语

多"热"门的生意，终有降温的时候；只有"乐"门生意，是不断升温的！

# 一定要做“一把手”吗?

如果你要创业，而单凭自己的一己之力却很难去做。你可以选择和别人合伙创业，取长补短，这样创业可以更容易、更快一些。不过，合伙创业也有一个很大的问题，那就是谁当头儿，也就是“一把手”的问题。那么，你们应该怎样处理这个问题呢？作为你来讲，是不是一定要做“一把手”手呢？

## 不是每一个人都当得了“一把手”

在中国，长久以来，“官本位”观念深入人心。在很多人的内心深处，都有一种做“官”当“头儿”的情结。当然，合伙创业的你也不例外。在自己的公司或企业中，你当然希望“自己说了算”，手中握有“相当大的权力”，做整个公司或企业的核心。这样，你可以：

◆ 公司或企业的发展方向和前景，由你制定或规划；
◆ 公司或企业的重大的决策，由你说了算；
◆ 公司或企业重大的人事或职务任免，由你说了算；
◆ 当然，你所获得的利益（股权、分红等）也要比其他合作伙伴多。

每个人都想当一把手，但事实上却是，并不是每一个人都能当得了“一把手”。

古往今来，创业打天下的人众多，但却不是谁想做“一把手”就能做得了的，事实上也不需要大家都去做“一把手”。有些一把手你该做必做，不做反会坏大事，如孙中山，因为太谦让，使大好革命形势差点付诸东流。有时候你得学会主动让贤，比如项羽，硬要做楚国的“一把手”，害死自己事小，败坏了大楚的宏图大业，沦为天下人之笑料岂不事大？

## 会做人就能当得了“一把手”吗？

三国时期，刘备与魏、吴三足鼎立。刘备只不过是一个卖草鞋出身的，文比不过诸葛孔明，武比不过关张，却始终是“大哥”，始终是“老板”。这

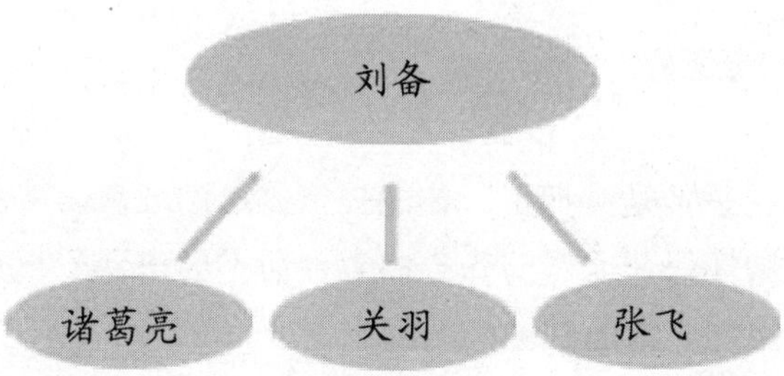


1. 先进的理念，高超的聪明，非凡的见地

2. 宽广的胸怀

很大程度上是因为刘备会做人，会算计。于是，就有人这样说了，凡是会做人的，都能当“一把手”。事实上，是这样吗？

不见得！我们看，毛周朱一代领导人创立新中国，假如论做人，周朱均胜过毛。那么何以毛做了“一把手”呢？

其实做“一把手”的，绝对不是会做人就行的，你还要同时具备其他方面的素质。一般来说，除了会做人，“一把手”还要具备以下关键素质：

1. 先进的理念，高超的聪明，非凡的见地

其实“一把手”就是要有别人提不出来的目标，你得有兄弟们愿意追随你去实现的宏伟蓝图。毛就是这样、刘备也是这样。“一把手”经营的是理念而不是其他。

2．宽广的胸怀

“一把手”一定要有宽广的胸怀。古往今来，创业打天下的人，从刘备到孙中山再到毛泽东，没有一个主动去抢“一把手”的位置，他们都是要求主动让贤的，为了伟大的目标的实现，他们什么都不在乎，把自己的位子让给别人也在所不惜，他们能够诚心诚意地延揽各种人才，包括具备领导才能的人。因为他们明白：自己的能力是有限的，没有大伙的共同努力，再宏伟的蓝图都只能是空谈。

以上两点才是一般人做不了领导的真正原因。看看你自己，具备这些关键素质吗？

### 不做“一把手”又何妨！

其实，真正做事业的人并不在乎谁是一把手。你能提出先进的理念，就会有一大群人追随你。而你宽广的胸怀保证大家的齐心协力，而不会出现争权夺利的内讧。事业成功了，你就是当之无愧的领袖级人物！

在很多公司或企业中，我们可以看到，那些做二把手的，三把手的……每一个人也都是功成名就，没有人觉得自己亏了。越是先进的组织越有先进的理念，这样的团体事业做得也就越大，内部矛盾也就越小。大家各尽其能，各获应得，没有人或少有人抱怨，像微软，其治理水平世界第一，比尔·盖茨没有喊着要当“一把手”，人家的公司没多少人觉得自己的水平得不到发挥，也没人喊这不公平那不公平，大家都很愉快，所以人家的公司才能做到世界第一。

职场物语

比尔·盖茨都没有口口声声喊着一定要当“一把手”，你又何苦来哉！

# 一定要有百分百的把握吗？

事实上，对于很多职场人来说，在其心里，都有自己创业当老板的想法，有谁一心只想着一辈子为别人打工呢？当然，你也会有这样的想法。但你为什么只有想法而不敢去进行创业实践呢？你也许会这样回答：我没有十足的把握啊！万一失败了怎么办？我还要养家呢？

难道，创业一定要有百分百的把握才能去做吗？

## 你永远不可能知道前面是什么

事实上，任何的创业都不可能做到百分百的把握。如果那样的话，创业也就不叫创业了，而应该改为就业了。创业，你永远不可能知道前面是什么，是成还是败。这恐怕就是“创”的最大意义了！

创业，正是因为你不可能知道前面是什么，因此你需要冒一定的风险。事实上，冒险精神也是创业者成功的最大特质之一。有时，你没有成功的原因，并不是你不想成功，而是没有敢于冒险的精神。机遇摆在面前，你不敢尝试，害怕困难，害怕挫折，害怕有风险。于是在机遇面前，你犹豫徘徊，拿不定主意，机遇是不会等你的，当它来到你面前时，如果你不抓住它的手，瞬间就消失在你的眼前，不会再回来。

风险越大，利润越大。风险与利润同在，世上没有完全没有风险的事。如果你想获得更大的收益，你想创业成功，就要敢于冒险。如果一件事情你有了

100%的把握再去做，你连入局的机会都没有了；有50%去做也许还有一半的机会；有30%就干，你应会有百分之百的机会！

## 要冒险，但不要冒进

的确，创业需要胆量，需要冒险。但创业毕竟不是赌博，你必须要掌握这样一个原则，那就是：冒险但不冒进。那么，冒险和冒进有哪些实质的区别呢？

我们来看一个故事：

一个人问一个哲学家，什么叫冒险，什么叫冒进？哲学家说，比如有一个山洞，山洞里有一桶金子，你进去把金子拿了出来。假如那山洞是一个狼洞，你这就是冒险；假如那山洞是一个老虎洞，你这就是冒进。这个人表示懂了。哲学家又说，假如那山洞里的只是一捆劈柴，那么，即使那是一个狗洞，你也是冒进。

我们对这个故事的意思进行总结：

冒险和冒进的区别就在于：冒险是你经过努力，有可能得到，而且那东西值得你得到。否则，你只是冒进。

冒险，是综合了运气、计划、胆量和智慧的一种探索活动。由于有运气成分的存在，所以你冒险的最终结果是可能失败，也可能成功。如果是前者的话，说明你的目标难以逾越或是自己准备不够充分；如果后者的话，说明你自己选择了正确的目标，准备了详细的计划等。总之，最终的结果主要由你自身所付出的努力程度来决定。冒险是在进行一种等价交换，你付出了多少，在成功后便会得到相应的回报。

冒进，通常是盲目的。虽然你也勇于进取，但却没有去估量实际的条件和可能性，结果你常常因为浮躁而无法达到预期目标并有可能招致意外的麻烦，所以，冒进的成功几率几乎为零。冒进所产生的结果与你自身的付出通常是不等式，目标太大以至于受挫折而使你灰心，目标太小由于收效缓慢而令你泄气。

## 悟 小故事中的大感悟

40岁的陈林芳是某针织厂厂长。原是一名针织厂女职工的她，1999年下岗后，生活非常的艰辛——她下岗时，丈夫也失业在家，而且身体有病，两个孩子一个上小学，一个上初中，公公婆婆年迈多病，正是需要花钱的时候。没有了经济来源，陈林芳一家生活十分艰难。

困难的日子，使陈林芳决心自谋生路。但她想做小买卖又没有本钱，于是就和丈夫商定出外打工谋生。夫妻二人先后去了上海、北京、山东等地，干过清洁工、计时工、服务员等，一干就是4年，也没有挣着钱，就又回了家。虽然没有挣到钱，但他们长了见识，摸到了点门道。有一次，陈林芳收集到一个信息，说家庭编织手套成本低、简单易学，她觉得搞针织应该是内行，这个项目比较适合自己。便横下一条心借钱买回一台机器，开始了第一次创业。

织出第一批手套后，陈林芳就用自行车驮着，一户一户地与劳保商店和用货单位联系。但事与愿违，走遍了所有的商店，手套却一副也没卖出去。难道自己这条路走错了？陈林芳心里的滋味非常不好受，但她并没有因此灰心。

后来，经过总结改进，陈林芳的第二批产品终于打开了销路，有了可观的经济效益。由于销路好，自己忙不过来，就添些设备和人手，扩大生产规模，在家里办起了手套编织厂。通过不懈努力，她的事业不断发展，固定资产很快达到60多万元。

## 职场物语

冒险，是创业者创业成功的最大特质之一；冒进，是创业者创业失败的重要因素之一。

# 要不要进行职业生涯规划?

某村积极响应“三下乡”活动。

村长非拉着一同学胳膊让他帮忙把村头墙上的标语翻译成英文。

这位同学实在推脱不过，于是大笔一挥，在“树新风”下写到“tree new bee！”

职业生涯规划对于一个人的职场发展意义重大！一个好的职业生涯规划，能够帮助你在职场获得更大的发展。也许你会认为，自己已经30多岁了，别说职业生涯规划，能够保住这份糊口的工作已经很不错了。这种认识是不对的，职业生涯设计不仅仅是年轻人的事，它会伴随人的一生。无论你是什么样年龄的人，都可以做职业生涯规划，而且需要做规划。有了职业生涯规划，你才有目的，才能按既定目标奋力前进。

# 人过三十不学艺？

古人云："人过三十不学艺。"究其原因，一般认为有这样几点：一则年纪大了，记忆力明显减退；二则顾及个人脸面，不耻下问会感觉很没面子；三则理解能力明显不足，多年工作的习惯已经形成定向思维；四则纷乱的事情，致使没有精力潜心学习。那么，人过三十，就真的不学艺或者是不能学艺了吗？

## 活到老，学到老

"人过三十不学艺"，这句话显然是没有道理的！就当今这个社会来说，它已经严重过时了。

如今社会，不要说过了三十需要学艺，即便过了四十、五十、六十岁也需要学艺。

当今社会，是知识爆炸的时代，信息技术在飞速发展，人类科学在日新月异的进步，如果你不学习，马上就要被淘汰。动物为了生存，在一生中都需要不停提高自己的生存能力，老虎需要不断磨牙，犀牛需要坚持磨角。对于一个人来说，也应如此，活到老，学习到老！

如今社会，不要说过了三十需要学艺，即便过了四十、五十、六十岁也需要学艺。媒体不是也常常报道吗？说某某成年人在上小学，某某老年人迈上了大学考场。没有金钢钻，就没办法招揽瓷器活。赵丽蓉70岁时还在不断学艺，还在不断进取，演出的小品一个比一个耐看。何况你呢？

或许你到了三十多年龄，就不好意思光明正大地去学习了。怕旁人说三道四，觉得不怎么好意思。其实，你这种“丢不下面子、放不下架子”的思想，是自己给自己设下的陷阱。年龄大了，学习起来的确不是一件容易的事。脑子不如年轻时灵光，主要是杂事多，精力不够用。但无论如何，你也要继续学，有艺走遍天下，无艺寸步难行。即使已经具备了一定能力，也需要不断更新。

## 磨刀不误砍柴工

古人云：“工欲善其事，必先利其器。”尽管工具的好坏不是决定的因素，但它和事情的结果总是息息相关的。人常说，艺高人胆大，没有“绝招鲜技”，面对社会竞争，就会惊慌失措。若不从头学起，从零开始，只会埋怨或发牢骚，则无济于事。有能力的人，永远不用担心什么。被时代淘汰的，绝大部分是没有真才实学的人，是那些跟不上形势而又只会坐在家中哀叹的人，真正的人才是绝对不会被淘汰的。

前文我们谈了职场“年龄恐慌”，谈了“35岁现象”，谈了职场三十的职场短板。我们看到，职场三十的你之所以在职场受到歧视，遭遇困惑，这固然有其他种种原因，但是你本身能力“不硬气”，没有过人的本领恐怕是很重要的原因。有真才实学，若别人不要，你自己完全可以创业。没有真才实学，工作难找，想创业也缺少“本钱”。这就是矛盾之所在。总之，只要“胸中有数”，就不用担心没有饭吃。“磨刀不误砍柴工”嘛！

## 抓住一切机会学习

职场三十的你，要抓住一切可以学习的机会，来为自己“充电”。

现在，社会上各种各样的专业学校、培训技校很多，还有在假期、双休日开办的各类补习班。要想学习的话，可供选择的范围很大。但这些培训班也是

职场三十的你，要抓住一切可以学习的机会，来为自己“充电”。

鱼目混珠，不能着急，你需要仔细地进行了解，依据自己的需求，进行认真分析比较，否则效果不好不说，弄不好还会上当受骗。

你在选择学校或是培训班时，应注意一些问题。比如，学校地点与学习时间是否适合于你，学习费用是否能够承受得起。此外，对学校师资状况、知名度、学员成分、就业前景等，也不可忽视。这些培训信息的来源可以从报纸和广告上、朋友们的介绍中取得。最好是亲自去看看，不要轻信那些道听途说的消息，或是报纸、电线杆子上贴的小广告。

此外，如果你不能到校参加学习培训，也可以采取函授的方法，利用休息时间进行学习。

有的公司或企业对职员的文化学习和技术培训很重视，这样的机会非常难得。假如你有这种机会的话，那么你一定要多加珍惜。你不需要去考虑学习时间的长短，交不交学费，只要调整好工作方面的事情就可以了。如果你是为了创业而有目标地进行学习或培训的话，那么你的学习要力争“短平快”，学以致用，应用性要很强。

职场物语

人这一生，要活到老，学到老！否则，你就会被社会的发展所淘汰。

# 今后十年的发展方向在哪里?

职场三十的你，正处于第二个职业上升期，此时你需要职业生涯的二次定位。或许你已经位居中层管理，或许你正在向中层管理“进军”的过程中。那么，你今后十年的发展方向在哪里？你应该如何在已有经验、能力倾向、个人兴趣、成就感、发展前景几个因素中权衡，制定出最佳的定位和发展方向，这是你下一步发展的关卡。

## 我们先看一则案例

丘剑和大多数理工科专业本科毕业的人一样，走了一条技术向“技术+管理”转型的路。化学专业本科毕业后，丘剑到一家化工厂做技术员，负责产品研发和生产管理、人员培训，5年的时间从基层的技术员做到了技术部主管，熟悉了化工行业的生产运作和车间管理。利用这笔资本，丘剑成功跳槽到一家制药公司做研发部经理，开始带领团队做项目管理，并且主持与研究机构合作的科研项目。两年后跳槽一家生物技术公司，顺利登陆“总监”职位，全面主持研发、生产部门的工作。由于公司规模不大，技术出身的丘剑还肩负了一些人事和行政方面的工作。也是在这个时候，丘剑对人力资源管理产生了浓厚的兴趣。

丘剑的真正转型是从他的第四份工作开始的。在生物技术公司做了三年总监之后，丘剑觉得发展空间有限，就跳槽到一家行内著名的制药企业重操旧业，在生产部任经理。这个机会给了他发挥人力资源管理能力的平台，他开始醉心于效绩考核、员工培训、公司文化建设等事务，常常给人力资源部提意见，甚至越俎代庖。总经理发现了他这方面的才能与兴趣，有意将他往人力资源方向培养。虽说这是他的兴趣，可是年近36岁的他已经过了可以四处尝试的年龄。清晰的职业发展规划和稳健的发展道路，是他这个年龄层次职场人士的基石。

那么未来的发展方向在哪里？是走一贯以来的管理加技术路线，还是转型到人力资源？积累人力资源的经验，是否会对更高的职位目标如职业经理人有帮助？

## 分析本案主人公的症结

对于丘剑的案例，我们来分析一下其症结之所在：

丘剑的问题在于，他对人力资源方面较有兴趣，而目前的生产部经理发展空间有限。要达到高层管理的目标，不知道从什么地方切入。转向人力资源管理，不知道是否有发展空间。事实上，根据他以往工作经历要切入这一领域，的确较有难度。但是如果继续以往的技术工作，可能在专业知识上有所滞后，与业内较资深的技术人才相比竞争力不够明显。

就丘剑目前的条件来讲，他具有很强的业务能力和良好的教育背景，职业发展脉络清晰，也曾经有过很成功的事业，无论从学历还是从工作资历来看，他其实已经站在一个较高的职业平台上。性格上，他比较务实，责任心强，很容易得到别人的信任。兴趣也较广泛，不足在于更多着眼于问题的解决上，对外部环境的观察可能不够敏锐。

丘剑的困惑在于是转型还是应该继续在原先的领域内发展。

## 制定初步的职业规划

通过对丘剑困惑症结的分析，我们可以为丘剑制定初步的职业规划。

第一步，目标设立

丘剑对效绩考核、员工培训、企业文化建设、公司管理流程感兴趣，正好说明他较高的管理能力，有纵览全局的气度，有担任高层管理的潜质。而他本身的教育背景和领导能力也不错，因此可以大胆地设立自己的职业目标，比如职业经理人甚至CEO。当下的问题在于找到一个合适的平台来让自己发挥。

第二步，职业分析

根据丘剑已往的教育背景和职业经验，首先应该肯定自己的实力是能够再入职场与其他高层职场人士进行竞争。以往他在中高层管理这一层面的经验也是他的有利之处。在重新择业时可以进行换位思考，按照自己以前招聘他人的经历，来考虑自己的条件与什么样的职位和薪水相匹配，以此做出心态上的调整。就行业来看，如果放弃以往较长且较稳定的职业经历成本比较高，且切入点很难找到。且人力资源本身对相关人士的要求与他的性格可能不相匹配，可作为自己的个人兴趣，但就职业本身来讲可能成功率不高。

第三步，职业建议

就职位选择来看，技术方面的职位比较符合丘剑的以往经历和个人专长。可考虑大型外资企业的相关类职位，如果做到高层管理，也需要涉及到人力资源管理，这时对于丘剑的兴趣和能力来说是一个不错的结合点。

在求职方面，丘剑的简历应做到详细，目的明确，同时准备自己的求职信等文件，诚恳表达自己的合作意向，对以往工作经验做出总经，对未来的职业生涯做出展望，让用人单位进一步了解自己。

第四步，充电建议

在学历上，丘剑应完成更高层次的深造，以保证自己的技术力量与市场要求同步。另外做好外语水平提高的努力也是必要的。可选择本专业的硕士学位或MBA的学习，同时参与英语进修学校的培训。

### 再谈能力、经验和兴趣

能力、兴趣和经验是选择工作的几个基本参考因素。但是这几个因素在职业生涯中的角色不一样：

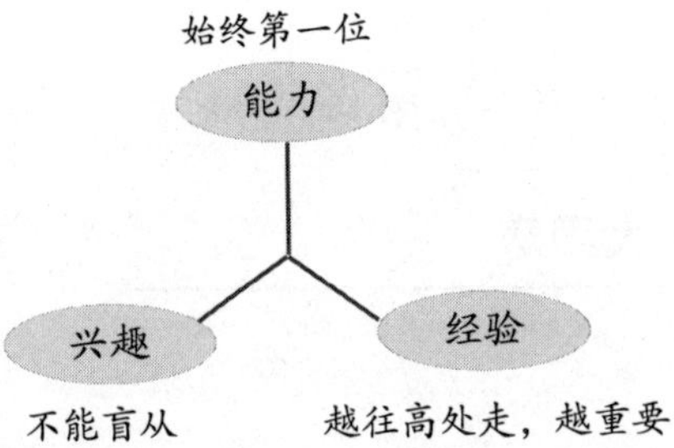


首先，能力倾向始终排第一位。能力倾向对于职业发展来说是最重要的，而且无论是哪个职业阶段，最擅长的领域是你能够发挥出最佳水平的领域，因此做职业定位的时候应该首先考虑自己的能力优势在哪里。

其次，越往高处走，经验越重要。职业层次越高，以往的工作经验越重要。步入中高层管理，以往的经历是一个资本。不仅需要在专业上精熟，更需要在阅历、经验的基础上积淀出领导能力。

再次，不能盲从兴趣。很多时候感兴趣的事情不是最擅长的事情，因此宁可把它作为业余爱好，而不是职业定位的决定因素。因为在这个时候，无论是从工作适合度上还是从薪资上，它都不能给你带来最好的回报。当然，在能力倾向满足的情况下，可以选择自己感兴趣的东西来做。因为兴趣能够激发工作热情，给人带来愉悦感。

职场物语

总而言之，职业发展应该以最小的成本获得最大的受益。

图书在版编目（CIP）数据

职场三年之痒：突破职场十大困惑/程亮著. -北京：作家出版社，2010. 5

ISBN 978-7-5063-5382-3

Ⅰ.①职… Ⅱ.①程… Ⅲ.①成功心理学-通俗读物 Ⅳ.①B848.4-49

中国版本图书馆 CIP 数据核字（2010）第 088600 号

职场三年之痒——突破职场十大困惑

作　者：程　亮
责任编辑：刘英武　王婷婷
装帧设计：道一设计
出版发行：作家出版社
社　址：北京农展馆南里 10 号　邮码：100125
电话传真：86-10-65930756（出版发行部）
86-10-65004079（总编室）
86-10-65015116（邮购部）
E-mail：zuojia@zuojia.net.cn
http://www.zuojia.net.cn
印刷：三河市北燕印装有限公司
成品尺寸：170×240
字数：170 千
印张：18
印数：001-9000
版次：2010 年 6 月第 1 版
印次：2010 年 6 月第 1 次印刷
ISBN 978-7-5063-5382-3
定价：29.00 元